U0077118

# IG 氣質系時令甜點

## 職人私房風味手帳

本間節子

三悅文化

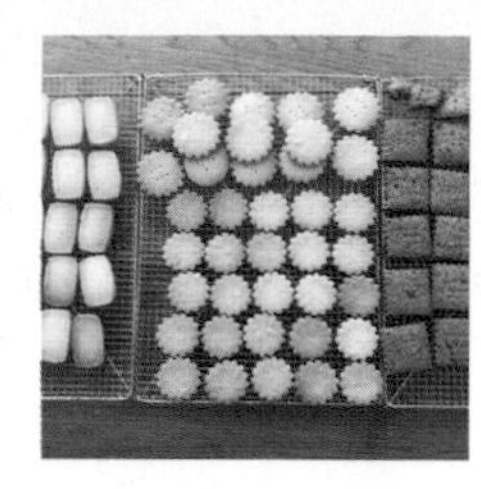
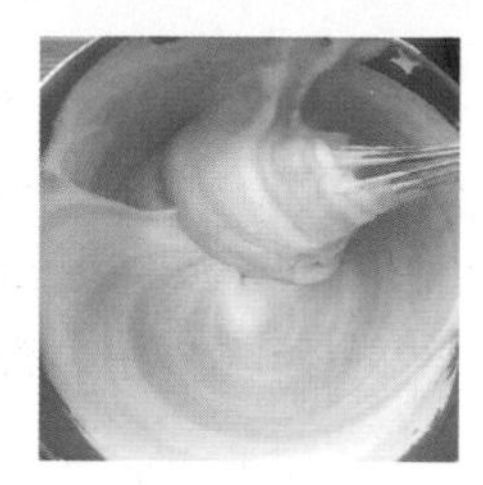

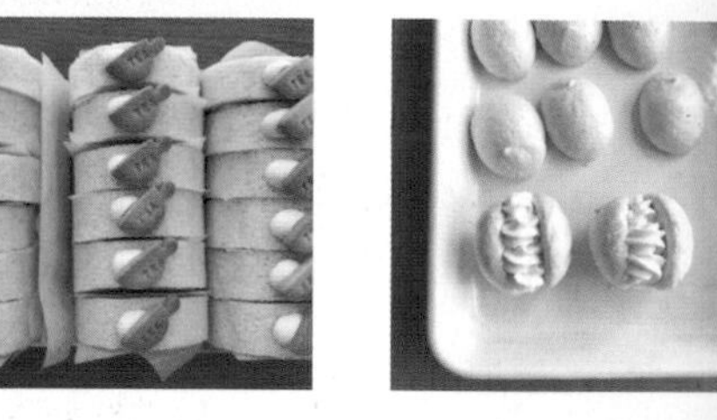
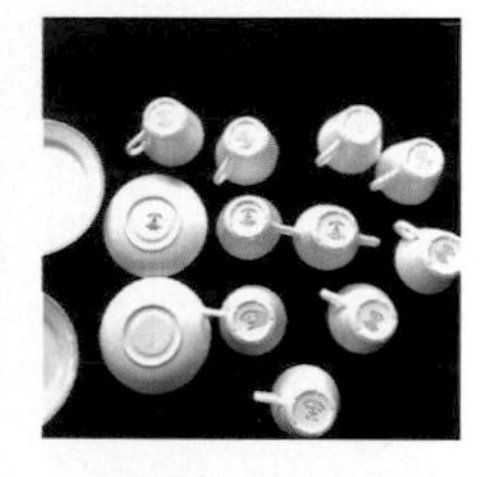

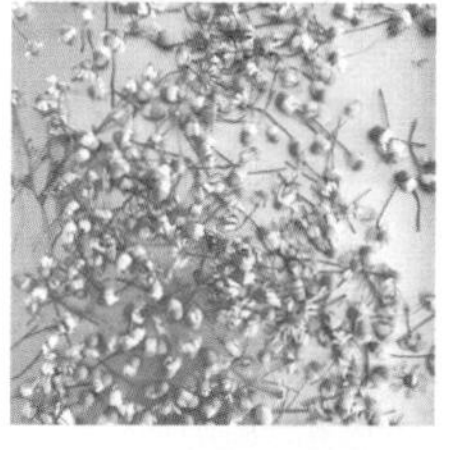

## 前言

從事甜點製作的工作已經20多年，至今仍未改變，我依然在製作著甜點。
小時候，親友團聚或家人生日的時候，母親就會準備海綿蛋糕或泡芙，
我總是在忙著製作甜點的母親身邊，興奮莫名地團團轉。

靜靜地烘烤甜點，裝飾、擺盤。我很喜歡那段認真製作，全力集中精神的時光。
在甜點製作的終點，總有許多笑容等待著，給人神清氣爽、舒適的感受。
所以我才能夠持續地做下去。

最重要的是「感受季節」。
當季採收的美味水果，身體在那個季節所想要的食材與溫度。
在日常生活中，製作甜點是貼近大自然的一個途徑，
不論是當初或是現在，我總是感到十分悸動且快樂。

《小確幸 我的手作甜點日記》(瑞昇文化)出版至今已有10年之久。
在這本書當中，除了至今仍持續製作的甜點之外，
還額外增加了32頁希望採納作為新夥伴的甜點。
這次同樣也是使用家裡現有的道具進行拍攝，同時也畫了插畫。

希望享受甜點製作的樂趣。希望感受季節、感受生活。
如果這是你選擇這本書的理由，那將是我無限的喜悅。

本間節子

目錄

## 冬天的甜點



- 1大匙＝15㎖，1小匙5㎖。
- 雞蛋使用L尺寸（淨重55～60g）的大小。
- 食譜中若沒有特別標示，砂糖就使用白砂糖或精白砂糖。
- 烤箱的加熱溫度和時間，以電烤箱的情況為標準。請依照您手邊的烤箱加以調整。若使用瓦斯烤箱時，溫度需向下調整10～20度。
- 微波爐的加熱時間以600W的情況為標準。若為500W時，時間請設定為1.2倍。

# 春天的甜點

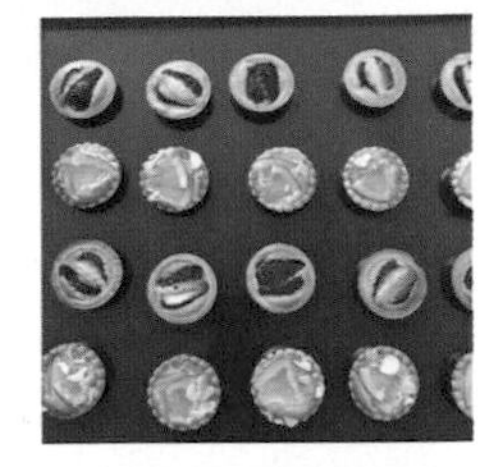

SOUS LE SOLEIL

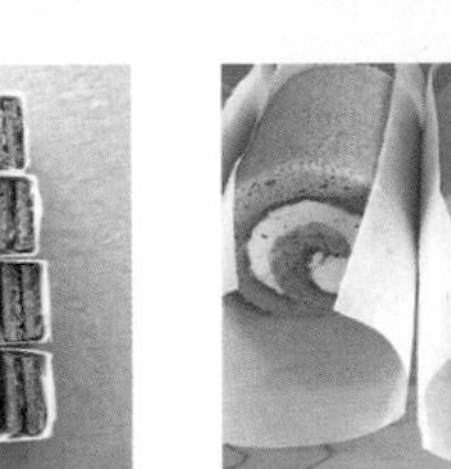
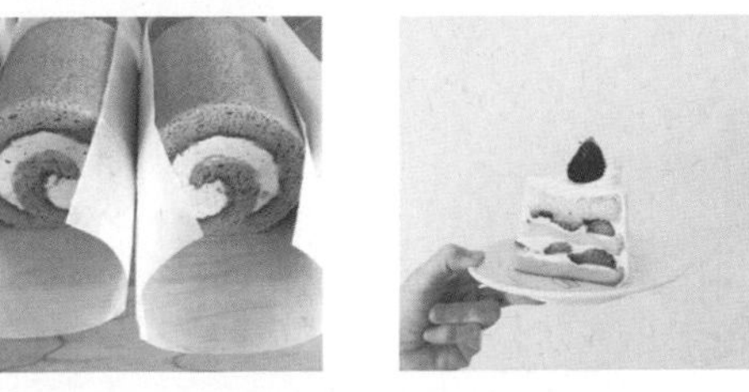

粉紅色的草莓基底，讓人充分感受到春天的氣息。

# 巴伐利亞草莓奶凍

材料（5人份）

草莓 …… 淨重180g
砂糖 …… 50g
明膠片 …… 3g
冷水 …… 適量
牛乳 …… 2大匙
鮮奶油 …… 100mℓ
裝飾用草莓 …… 適量
鮮奶油 …… 適量
裝飾用香草 …… 適量

準備

- 明膠片用冷水浸泡，變軟後擠掉水分（參考p.165），放進小的調理盆。
- 草莓清洗乾淨，瀝乾水分，去除蒂頭。

1 草莓磨成泥（或用叉子壓碎），製成泥狀（A），放進調理盆。

2 加入砂糖，用橡膠刮刀拌勻。

3 把牛乳倒進裝有明膠的調理盆，隔水加熱融解。

4 把步驟**3**的明膠倒進步驟**2**的調理盆內（B），用橡膠刮刀攪拌，調理盆底部隔著冰水冷卻（C）。

5 鮮奶油打至六分發泡（參考p.164），分兩次倒進步驟**4**的調理盆內（D），用橡膠刮刀拌勻。

6 用湯匙將材料撈進容器內（E），蓋上保鮮膜，冷藏2小時以上，冷卻凝固後，用草莓或打發的鮮奶油、香草加以裝飾。

A

C

B

D

E

草莓海綿蛋糕　草莓季節裡，怎麼吃都不會膩的蛋糕。

# 草莓海綿蛋糕

材料（直徑15㎝的活底圓形模具1個）

〔海綿蛋糕〕

- 雞蛋 …… 2顆
- 砂糖 …… 60g
- 低筋麵粉 …… 60g
- 奶油（無鹽）…… 15g
- 沙拉油（米糠油尤佳）…… 2小匙

〔糖漿〕

- 水 …… 50㎖
- 砂糖 …… 20g
- 個人喜愛的甜露酒 …… 少許（覆盆子、櫻桃酒等）

鮮奶油 …… 250㎖

砂糖 …… 20g

草莓 …… 1～1.5包

裝飾用香草 …… 適量

準備

- 烤箱預熱至170度。
- 奶油和沙拉油一起隔水加熱融解，持續保溫，避免冷卻（參考p.165）。

1 製作海綿蛋糕。把雞蛋和砂糖放進調理盆，用高速的手持攪拌機打發。攪拌頭提起時，麵糊能夠確實附著在攪拌器上面之後（A），改用低速打發，調整泡泡的細緻度。

2 篩入低筋麵粉，用往上撈的方式，用打蛋器拌勻（B）。

3 加入融解的奶油和沙拉油，用橡膠刮刀拌勻。

4 倒進模具（不塗抹任何材料）裡面（C），把表面抹平，用170度的烤箱烤30分鐘。

5 把整個模具倒扣，放在鋪有烘焙紙的鐵網上冷卻，熱度消退後，蓋上保鮮膜，放進冷藏室冷藏。完全冷卻後，用抹刀或小刀進行脫模（D）。

6 製作糖漿。把水放進鍋裡，煮沸後，加入砂糖融解。把鍋子從火爐上移開，加入甜露酒，放冷。

7 草莓清洗後，瀝乾水分，去除蒂頭，縱切成對半。

8 海綿蛋糕從底部切出2㎝的厚度，共切出2片（E）（上方多餘部分不使用）。

9 鮮奶油加入砂糖，打至六分發泡（參考p.164）。把一半份量放進另一個調理盆（披覆用），放進冷藏室冷藏。剩下的份量打成八分發（夾心用）。

10 用刷毛在下層海綿蛋糕的上面塗上糖漿（F）。抹上夾心用的鮮奶油，排放上切好的草莓（G），再塗抹上一層鮮奶油。另一片海綿蛋糕先在下方塗上糖漿，疊在上方之後，稍微按壓，讓海綿蛋糕與餡料結合，上方也塗上糖漿。側面塗上糖漿後，抹上剩餘的鮮奶油，填滿所有縫隙。

11 從冷藏室取出披覆用的鮮奶油，調整至六分發後，倒在步驟**10**的蛋糕上面（H），用抹刀將鮮奶油均勻抹開（I）。裝飾上草莓和香草。

＊上方多出來的海綿蛋糕可用來製作舒芙蕾起司蛋糕（參考p.25）。

A
B
C
D
E
50
F
G
H
I

# 半乾草莓

材料（容易製作的份量）

草莓 …… 300g

砂糖 …… 60g

準備

・草莓清洗乾淨後，瀝乾水分，切掉蒂頭。

・烤盤鋪上烘焙紙。

・在中途將烤箱預熱至100度。

1 草莓如果是小顆的話，就整顆使用，如果是大顆，就切成對半或4等分，然後放進調理盆。

2 加入砂糖混合，放置3小時後，放進冷藏室，靜置1天，讓草莓釋放出水分（A）。

3 把濾網放在調理盆上面，放進草莓，瀝乾水分。

4 將草莓排放在烤盤上。用100度的烤箱烤30分鐘後，用筷子上下翻面（B），再進一步烤30分鐘。熱度消退後，裝進乾淨的罐子或保存容器內。

A

B

＊可冷藏保存1星期左右。若希望保存更久，就放進保存用的塑膠袋，冷凍保存。

＊關於步驟**3**殘留在調理盆內的草莓水的運用途徑，可以參考p.16。

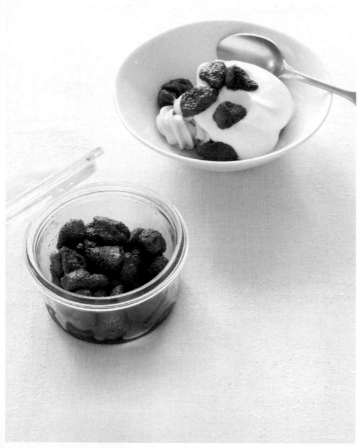

釋出水分後的酸甜草莓。一旦吃上一口，就讓人停不下手。

# 草莓杯子蛋糕

材料（直徑7.5cm的布丁模具6個）

鮮奶油 …… 120mℓ
雞蛋 …… 1顆
砂糖 …… 70g
低筋麵粉 …… 120g
泡打粉 …… 1小匙
半乾草莓（參考p.14）…… 60g

準備
- 模具鋪上馬芬杯。
- 烤箱預熱至180度。

1 把鮮奶油放進調理盆，打至六分發泡（參考p.164）。
2 加入雞蛋和砂糖，用打蛋器拌勻。
3 低筋麵粉和泡打粉一起過篩，倒進調理盆內，用打蛋器拌勻。
4 加入半乾草莓（A），用橡膠刮刀拌勻。
5 裝進模具內至6分滿（B），把表面攤平，用180度的烤箱烤25分鐘。脫模後，放在鐵網上冷卻。

滿滿的草莓，令人驚喜萬分。

# 草莓果凍

材料（4人份）

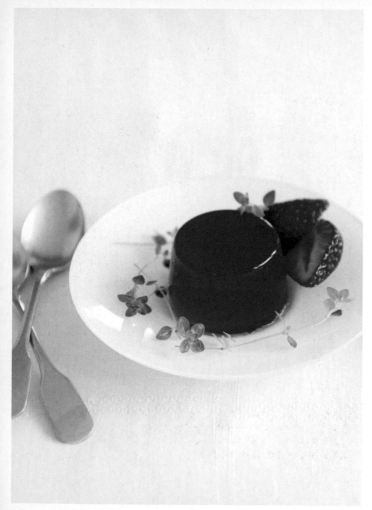

p. 14 步驟**3**剩餘的草莓水 …… 300㎖
＊份量若不足，就加水補滿份量。

檸檬汁 …… 1小匙

明膠片 …… 5g
冷水 …… 適量

裝飾用的草莓、香草 …… 各適量

準備

・明膠片用冷水浸泡，變軟後擠掉水分（參考p. 165）。

**1** 把多用途濾網放在鍋子上面，過濾草莓水（A）。加入檸檬汁，用中火加熱。沸騰後，把鍋子從火爐上移開，加入明膠（B），用橡膠刮刀拌勻。

**2** 倒進模具裡面（C），熱度消退後，蓋上保鮮膜，放進冷藏室，冷卻凝固3小時以上。

**3** 把模具浸泡在溫水裡2～3秒後，倒扣脫模，裝盤後，裝飾上草莓和香草。

我很喜歡把草莓的紅色糖漿製成果凍品嚐。

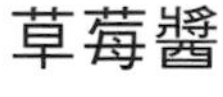

# 草莓醬

鎖住草莓的香氣和酸甜。

材料（容易製作的份量）

草莓 …… 淨重600g

砂糖 …… 180g（草莓重量的三成）

檸檬汁 …… 1小匙

準備

- 把保存罐充分清洗乾淨，不用預熱，用160度的烤箱烘乾10分鐘。
- 保存罐的蓋子用鍋子煮沸消毒。
- 草莓清洗乾淨後，瀝乾水分，切掉蒂頭。

1 把草莓和砂糖放進鍋子裡混合，靜置3小時。

2 加入檸檬汁，開偏小的中火加熱，持續烹煮20分鐘左右，直到釋出水分，湯汁呈現黏稠狀（A）。

3 趁熱裝進保存罐內（B），把蓋子鎖緊（戴手套），顛倒放置冷卻。

＊把溫熱的果醬裝進熱的容器裡面，然後顛倒放置，就能殺菌外蓋，同時排出空氣。

＊照片後方的果醬是，步驟**1**把草莓和砂糖放進鍋子之後，馬上開火烹煮的結果。如果撒上砂糖之後馬上烹煮，草莓就會變得軟爛，如果稍微放置一段時間再烹煮，就比較容易保留草莓顆粒（照片前方的果醬）。

製作果醬的隔天，烤些司康來品嚐吧！

# 草莓醬司康

材料（12個）

- 低筋麵粉 …… 200g
  ＊把一半份量換成全麥麵粉也沒關係。
- 泡打粉 …… 1又½小匙
- 砂糖 …… 20g
- 鹽巴 …… 1撮

奶油（無鹽）…… 40g
牛乳 …… 50mℓ
原味優格 …… 50g
手粉（高筋麵粉尤佳）…… 適量

- 蛋黃 …… 1顆
- 牛乳 …… ½小匙

草莓醬（參考p. 17）…… 適量
鮮奶油 …… 適量

準備
・奶油切成小塊。
・烤盤鋪上烘焙紙。
・在中途將烤箱預熱至220度。

1 將低筋麵粉、泡打粉、砂糖、鹽巴混在一起過篩，放進調理盆，加入奶油，用手指搓揉，直到呈現鬆散狀態（A）。加入牛乳和優格，用橡膠刮刀輕輕攪拌混合（B）。

2 攪拌均勻後，彙整成團，撒上手粉，放在揉麵墊上，用擀麵棍擀壓成厚度2㎝。對折，再次擀壓成厚度2㎝的正方形。用保鮮膜包起來，放進冷藏室靜置30分鐘。

3 用菜刀切成12等分（C），排放在烤盤上。蛋黃和牛乳混合後，用刷毛塗抹在上面，用220度的烤箱烤12分鐘。烤好出爐後，夾上草莓醬和打發的鮮奶油。

A

B

C

剛出爐的酥脆麵皮，搭配軟嫩的香蕉。

# 香蕉司康捲

材料（6～8個）

- 低筋麵粉 …… 120g
- 砂糖（蔗糖尤佳）…… 20g
- 鹽巴 …… 1撮
- 泡打粉 …… 1小匙
- 奶油（無鹽）…… 30g
- 牛乳 …… 55㎖
- 檸檬汁 …… 1小匙
- 手粉（高筋麵粉尤佳）…… 適量
- 香蕉 …… 1條
- 牛乳 …… 1/2小匙
- 蜂蜜 …… 1/2小匙

準備

- 奶油切成小塊。
- 烤盤鋪上烘焙紙。
- 在中途將烤箱預熱至220度。

1 將低筋麵粉、砂糖、鹽巴、泡打粉混在一起過篩，放進調理盆，加入奶油，用手指搓揉，直到呈現鬆散狀態（A）。

2 加入牛乳和檸檬汁，用橡膠刮刀以切劃方式混拌。

3 攪拌均勻後，彙整成團，撒上手粉，放在揉麵墊上，用擀麵棍擀壓後，對折。重複這個作業，直到表面呈現平滑後，擀壓成厚度1 cm（單邊約為香蕉的長度）的正方形。放上香蕉，從前面往後捲（B）。用保鮮膜包起來，放進冷藏室靜置1小時。

4 用菜刀切成6～8等分（C），切口朝上，排放在烤盤上。牛乳和蜂蜜混合後，用刷毛塗抹在上面（D），用220度的烤箱烤12分鐘。

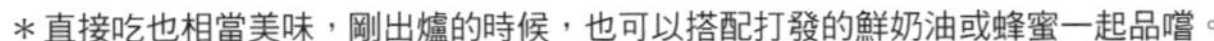
＊直接吃也相當美味，剛出爐的時候，也可以搭配打發的鮮奶油或蜂蜜一起品嚐。
＊進行步驟**3**的作業時，如果香蕉呈現彎曲，就用菜刀切開，調整方向。

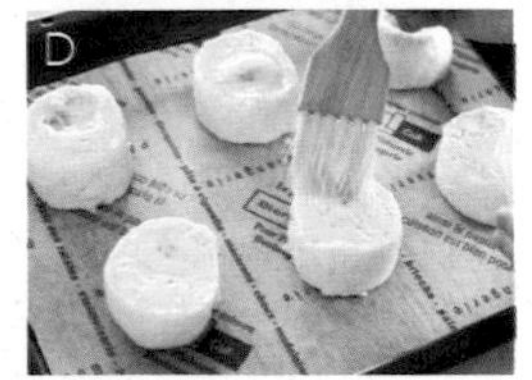

剛出爐時，表面酥脆，隔天則變得濕潤。

# 蜂蜜瑪德蓮

材料（瑪德蓮模具9個）

雞蛋 …… 1顆
蜂蜜 …… 40g
砂糖 …… 30g
低筋麵粉 …… 60g
泡打粉 …… 1/4小匙
奶油（無鹽）…… 60g

準備

- 在模具上薄塗一層奶油（份量外）（使用金屬製模具時，要另外撒上<份量外>的高筋麵粉）。
- 烤箱預熱至180度。
- 奶油隔水加熱融解，持續保溫，避免冷卻（參考p.165）。

1 將雞蛋放進調理盆打散，加入蜂蜜和砂糖，確實攪拌均勻。

2 把低筋麵粉和泡打粉一起過篩，放進調理盆，用打蛋器慢慢拌勻（A）。

3 加入融解的奶油，拌勻（B）。

4 用湯匙將麵糊倒進模具裡（C），用180度的烤箱烤12分鐘。出爐後，馬上脫模，放在鐵網上冷卻。

＊把蜂蜜換成相同份量的楓糖，同樣也非常美味。

A

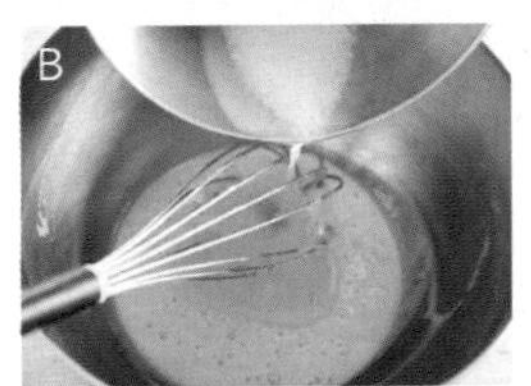
B

C

口感鬆軟。不管做了多少年都不會膩，家人最愛的甜點。

# 舒芙蕾起司蛋糕

材料（直徑15㎝的活底圓形模具1個）

奶油起司 …… 150g
奶油（無鹽）…… 30g
砂糖 …… 40g
香草豆莢 …… 5㎝
蛋黃 …… 2顆
原味優格 …… 400g
低筋麵粉 …… 30g

〔蛋白霜〕
蛋白 …… 2顆
砂糖 …… 40g
海綿蛋糕（參考p.12）…… 厚度1㎝ 1片
個人喜愛的果醬（杏桃等）…… 2大匙

A

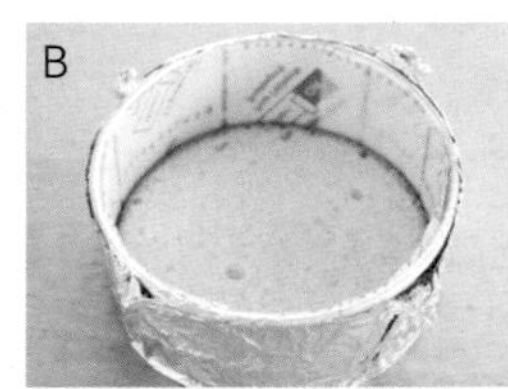
B

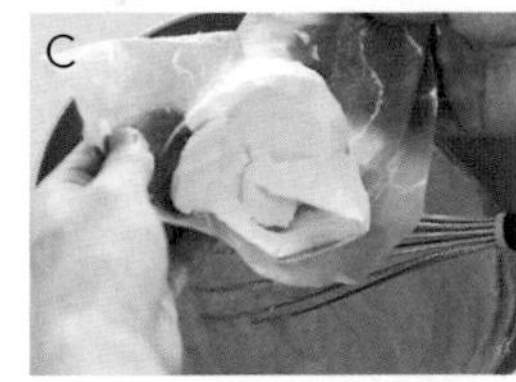
C

D

E

準備

- 優格放進鋪有濾紙的濾杯（或是鋪有廚房紙巾的濾網）裡面，放進冷藏室靜置6小時，瀝乾水分（A）。400g的優格瀝乾後，大約剩下160g。
- 奶油起司和奶油恢復至室溫。
- 在模具的側面鋪上高度比模具略高的烘焙紙。底部鋪上海綿蛋糕。用鋁箔緊密包覆模具底部和側面（B）。
- 香草豆莢切開豆莢，取出種籽，和砂糖混合（參考p.47的A）。
- 海綿蛋糕抹上果醬。
- 烤箱預熱至160度。
- 把隔水烘烤用的熱水煮沸。

1 把奶油起司和奶油放進調理盆，用打蛋器充分拌勻。

2 將混入香草種籽的砂糖、蛋黃、瀝乾水分的優格（僅固體部分），依序放進調理盆（C），每次放入材料，都要確實攪拌均勻後，再放入下一種材料。

3 篩入低筋麵粉，用打蛋器拌勻。

4 把蛋白和砂糖放進另一個調理盆，用手持攪拌機打發，製作出呈現勾角的蛋白霜（參考p.164）。

5 把蛋白霜分兩次加入步驟**3**的調理盆內，用橡膠刮刀拌勻（D）。

6 將麵糊倒進模具，將表面抹平。放在烤盤上面，倒入高度約2㎝的熱水（E），用160度的烤箱隔水烘烤60分鐘。

7 出爐後，連同模具一起放在鐵網上冷卻，熱度消退後，蓋上保鮮膜，放進冷藏室冷藏。脫模，撕開烘焙紙，分切成小塊。

採用高筋麵粉的奶油蛋糕，精心烘焙出爐。

# 檸檬蛋糕

材料（18×8×深6cm的磅蛋糕模具1個）

雞蛋……2顆

砂糖……90g

高筋麵粉……120g

牛乳……20mℓ

奶油（無鹽）……110g

檸檬皮（日本國產品種）……1顆

〔糖霜〕

糖粉……40g

檸檬汁……2小匙

準備

- 在模具裡面鋪上高度比模具略高的烘焙紙（參考p.165）。
- 檸檬清洗乾淨，果皮（僅表面的黃色部分）磨成泥，果肉榨出果汁。
- 烤箱預熱至170度。
- 把隔水烘烤用的熱水煮沸。
- 奶油隔水加熱融解，持續保溫，避免冷卻（參考p.165）。

1 把雞蛋和砂糖放進調理盆，隔水加熱，用打蛋器充分攪拌，使砂糖融解。

2 蛋液溫熱後，拿掉熱水，用高速的手持攪拌機打發。呈現蓬鬆，份量增加後，改用低速確實打發，直到流下的蛋糊呈現緞帶狀為止（A）。

3 篩入高筋麵粉，加入牛乳，用打蛋器拌勻。

4 加入融解的奶油和檸檬皮（B），用橡膠刮刀拌勻，直到呈現柔滑。

5 倒進模具裡面（C），用170度的烤箱烤40分鐘（在蛋糕開始回縮前取出）。

6 脫模，放在鐵網上冷卻，熱度消退後，撕掉烘焙紙。

7 把糖粉和檸檬汁放進調理盆，用橡膠刮刀拌勻，製作出糖霜（D）。用湯匙將糖霜淋在步驟**6**的蛋糕上面（E）。

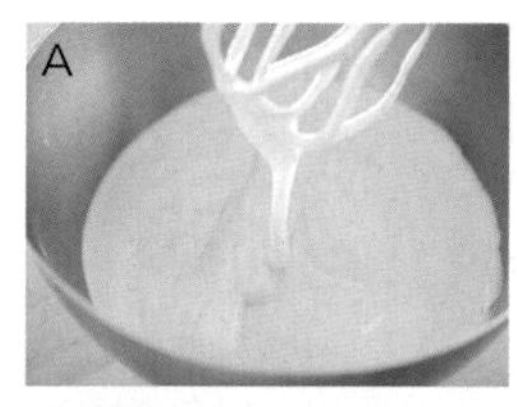
A

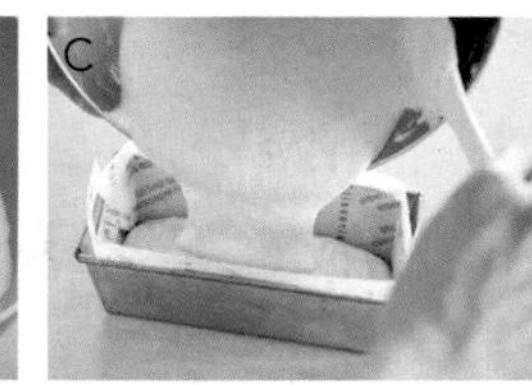
C

B

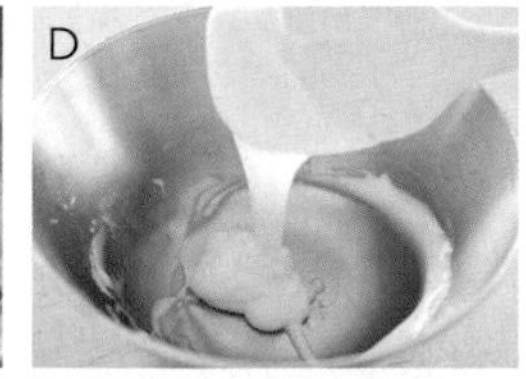
D

E

檸檬風味的柔軟口感，和鑲嵌在麵團內的白巧克力，十分對味。

# 檸檬白巧克力司康

材料（直徑4.5cm，11個）

- 高筋麵粉 …… 200g
- 泡打粉 …… 1又$\frac{1}{2}$小匙
- 鹽巴 …… 1撮
- 砂糖（蔗糖尤佳）…… 30g
- 奶油（無鹽）…… 50g
- 雞蛋 …… 1顆
- 鮮奶油（或原味優格）…… 50g
- 檸檬醬 …… 50g
- 手粉（高筋麵粉）…… 適量
- 白巧克力（烘焙用）…… 40g
- 檸檬醬、砂糖 …… 各適量

準備

- 白巧克力切碎。
- 奶油切成小塊。
- 雞蛋打成蛋液，$\frac{1}{4}$的份量用另一個調理盆裝起來。$\frac{3}{4}$的份量和鮮奶油、檸檬醬一起混合拌勻。$\frac{1}{4}$的份量進一步打散後，加入$\frac{1}{4}$小匙的水（份量外），充分拌勻。
- 烤盤鋪上烘焙紙。
- 在中途將烤箱預熱至200度。

1. 將高筋麵粉、泡打粉、鹽巴、砂糖混在一起過篩，放進調理盆，加入奶油，用手指搓揉，直到呈現鬆散狀態。
2. 雞蛋、鮮奶油和檸檬醬混合後，倒進調理盆，以切劃方式，用橡膠刮刀拌勻。
3. 攪拌均勻後，彙整成團，撒上手粉，放在揉麵墊上，用擀麵棍把麵團擀開。在一半範圍內撒上巧克力（A），對折。再次擀開，再對折，之後擀壓成12cm的正方形（厚度約2cm）。用保鮮膜包起來，放進冷藏室靜置30分鐘。
4. 用模具壓出6個（B），剩下的麵團重疊輕壓後，再用模具壓出2個。剩餘的麵團用手搓圓。
5. 排放在烤盤上。雞蛋和水混合後，用刷毛塗抹在上面，用200度的烤箱烤15分鐘。隨附上加了砂糖的檸檬醬。

## 檸檬醬的製作方法

把2顆檸檬清洗乾淨後，放進鍋裡，加入比淹過檸檬略少的水量。開小火，放上落蓋，烹煮1小時。檸檬變軟之後，取出檸檬，瀝乾水分。檸檬放涼後，在調理盤上面切成對半，去除種籽（C）。連同湯汁一起用果汁機或食物調理機打成膏狀（D）。

＊用直徑13cm的小鍋烹煮2顆檸檬，份量剛剛好。可以分成小包裝冷凍保存。

絕無僅有的濕潤口感和風味，全都拜檸檬醬所賜。

# 檸檬戚風蛋糕

材料（直徑17㎝的戚風蛋糕模具1個）

蛋黃……3顆
砂糖……30g
檸檬醬（參考p.29）……50g
豆漿（成分無調整）……60g
沙拉油（米糠油尤佳）……35㎖
檸檬汁……2小匙
檸檬皮（日本國產品種）……½顆
高筋麵粉……70g
〔蛋白霜〕
蛋白……140g（3～4顆）
砂糖……50g

準備
・檸檬清洗乾淨，果皮（僅表面的黃色部分）磨成泥，果肉榨出果汁。
・烤箱預熱至170度。

1 把蛋黃放進調理盆，用打蛋器打散。加入砂糖，持續打發，將空氣打入，直到呈現泛白為止。

2 依序加入檸檬醬、豆漿、沙拉油（A），每次加入材料都要充分拌勻，再加入下一項材料。

3 加入檸檬汁、檸檬皮，拌勻。

4 篩入高筋麵粉，用打蛋器持續攪拌，直到呈現柔滑程度。

5 把蛋白和砂糖放進另一個調理盆，用手持攪拌機打發，製作出呈現勾角的蛋白霜（參考p.164）。

6 把一半份量的蛋白霜放進步驟**4**的調理盆（B），用打蛋器慢慢拌勻。

7 加入剩下的蛋白霜，用橡膠刮刀確實拌勻。

8 將麵糊倒進模具裡面，把表面抹平（C），為避免空氣進入，確實抓住模具，在毛巾上方拍打數次，用170度的烤箱烤35分鐘。

9 從烤箱取出之後，連同模具一起倒扣冷卻（D），熱度消退後，蓋上保鮮膜，放進冷藏室冷藏。完全冷卻之後，用抹刀或小刀，依照側面、中央、底部的順序，進行脫模（E、F）。

A

C

B

D

E

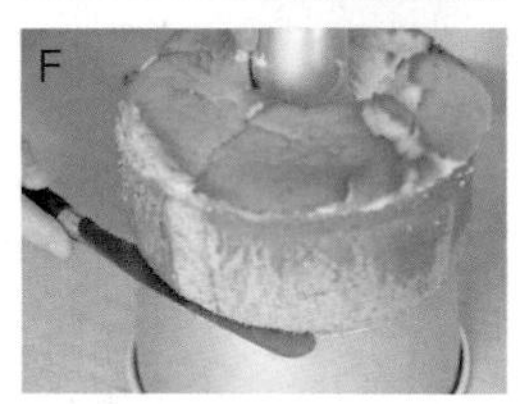
F

像是喝檸檬水一般，無限清爽的果凍。

# 檸檬水果凍

材料（4人份）

砂糖 …… 30g

瓊脂 …… 5g

水（淨水器過濾的純水尤佳）…… 350mℓ

檸檬皮（日本國產品種）…… 1/3顆

準備

・檸檬清洗乾淨，果皮（僅表面的黃色部分）用菜刀薄削。

1 把砂糖和瓊脂放進小的調理盆，用打蛋器攪拌。

2 把水放進鍋裡，逐次加入步驟1的材料，用打蛋器充分拌勻（A）。

3 開中火加熱，一邊用打蛋器攪拌，持續加熱至快要沸騰的程度。把鍋子從火爐上移開，加入檸檬皮（B）。

4 倒進容器裡面（C），熱度消退後，蓋上保鮮膜，放進冷藏室冷藏凝固3小時以上。

5 用湯匙撈出，裝盤。

＊水也可以使用礦泉水。

＊把檸檬皮換成薄荷等香草，同樣也很美味。

A

B

C

花朵造型的餅乾是用翻糖用的切模所壓製而成。

# 造型餅乾

材料（容易製作的份量）

〔餅乾麵團〕

奶油（無鹽）…… 60g
糖粉 …… 30g
鹽巴 …… 1撮
蛋黃 …… 1顆
低筋麵粉 …… 100g
檸檬皮（日本國產品種）…… 1/4顆

手粉（高筋麵粉尤佳）…… 適量

準備

- 奶油和蛋黃恢復至室溫。
- 檸檬清洗乾淨，果皮（僅表面的黃色部分）磨成泥。
- 烤盤鋪上烘焙紙。
- 在中途將烤箱預熱至170度。

1 把奶油放進調理盆，用橡膠刮刀攪拌。把糖粉和鹽巴一起過篩，放進調理盆充分拌勻。

2 加入蛋黃拌勻，篩入低筋麵粉，加入檸檬皮拌勻（A）。整體拌勻之後，彙整成團。撒上手粉，放在揉麵墊上，用手掌的根部按壓揉捏。用保鮮膜包起來（B），放進冷藏室靜置1小時。

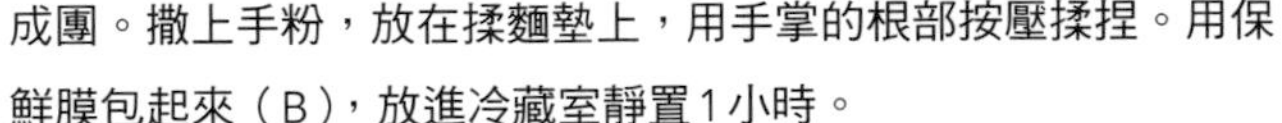

3 把保鮮膜鋪在揉麵墊上，放上步驟**2**撒上手粉的麵糰，用擀麵棍將厚度擀壓成3㎜。蓋上保鮮膜，放進冷藏室靜置1小時。

4 用切模壓切出造型（C、D），剩餘的麵團同樣再次擀壓，壓切出造型。排放在烤盤上，用170度的烤箱烤12～15分鐘，放在鐵網上冷卻。

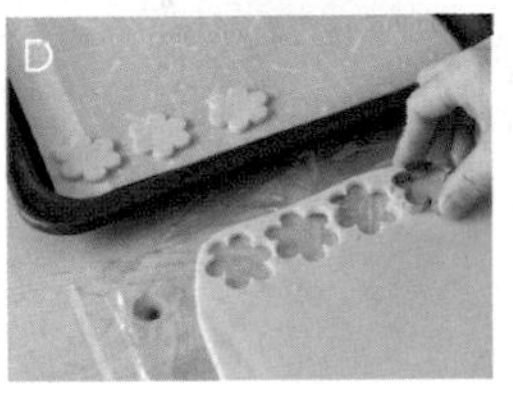

即便是相同的麵團，只要改變形狀和裝飾，就能創造出不同味道。

# 檸檬糖霜餅乾

材料（約26個）

餅乾麵團 …… 份量與p. 35相同

手粉（高筋麵粉尤佳）…… 適量

〔糖霜〕

糖粉 …… 60g

檸檬汁 …… 2小匙

裝飾用檸檬皮 …… 適量

準備

- 檸檬清洗乾淨，果皮（僅表面的黃色部分）用菜刀薄削後，切成細絲（裝飾用），果肉榨出果汁。
- 烤盤鋪上烘焙紙。
- 在中途將烤箱預熱至160度。

1 參考p. 35的步驟**1～2**，製作出餅乾麵團。

2 將麵團切成26等分，用手搓成圓形，排放在烤盤上面（A）。蓋上保鮮膜，放進冷藏室靜置1小時。用160度的烤箱烤15～20分鐘，放在鐵網上冷卻。

3 把糖粉和檸檬汁放進調理盆，用橡膠刮刀拌勻，製作出糖霜。餅乾冷卻後，把糖霜沾在上面（B），裝飾上切成絲的檸檬皮，晾乾。

A

B

直接鎖住葡萄柚的美味。

# 葡萄柚果凍

材料（5人份）

葡萄柚 …… 約3個

蜂蜜 …… 15g

砂糖 …… 30g

瓊脂 …… 5g

水 …… 100mℓ

1 葡萄柚去除外皮，連薄皮也一併剝除（A）。只把果肉放進果汁機或食物調理機打成泥狀。

2 把濾網放在調理盆上面，過濾步驟**1**的果泥（B）。殘留在濾網內的果肉留著備用（參考右欄）。

3 取300mℓ的果汁，放進鍋子裡面，加入蜂蜜。開小火，加熱至80度左右。

4 把砂糖和瓊脂放進小鍋，用打蛋器拌勻。

5 把水放進另一個鍋子，把步驟**4**的材料分次倒入，充分拌勻。開小火，用打蛋器一邊攪拌，加熱至幾乎快沸騰的程度後，把鍋子從火爐上移開。

6 倒入步驟**3**的材料，倒進容器裡面（C）。熱度消退後，蓋上保鮮膜，放進冷藏室靜置3小時以上，使其冷卻凝固。

A

B

C

D

## 葡萄柚果醬的製作方法

步驟**2**剩餘的果肉秤重後，放進鍋裡。加入果肉重量2成的砂糖（D），用偏小的中火烹煮。稍微收乾湯汁就完成了。

＊份量不多，就像是小確幸一般。建議搭配優格一起品嚐。

外層酥脆，內側軟Q，強烈對比碰撞出美味。

# 可麗餅

材料（直徑22cm的平底鍋6張）

〔可麗餅餅皮〕

- 雞蛋 …… 1顆
- 牛乳 …… 180ml
- 砂糖 …… 10g
- 鹽巴 …… 1撮
- 低筋麵粉 …… 100g
- 奶油（無鹽）…… 20g

瀝乾水分的優格（參考p.25）（或瑞可塔起司）…… 適量

香蕉 …… 適量

蜂蜜 …… 適量

準備

・奶油隔水加熱融解，持續保溫，避免冷卻（參考p.165）。

1 製作可麗餅餅皮。把雞蛋、牛乳80ml、砂糖、鹽巴放進調理盆，用打蛋器拌勻，篩入低筋麵粉拌勻。

2 加入融解的奶油拌勻（A），分次倒入剩餘的牛乳，每次倒入都要充分拌勻，製作出濃稠的狀態。

3 蓋上保鮮膜，在室溫下（陰涼處）靜置30分鐘。

4 平底鍋（氟素樹脂加工或略厚的鐵製平底鍋）用略強的中火加熱，確實熱鍋後，放入少許奶油（份量外），用廚房紙巾抹開。把步驟**3**的麵糊（少於1湯勺）倒進鍋裡，轉動平底鍋，讓麵糊攤開（B）。

5 邊緣呈現茶褐色，稍微掀開後，就可以進行翻面（C），煎好後起鍋。以相同的方式，再煎出剩餘的5片。

6 把優格和香蕉（切成容易食用的大小）放在可麗餅正中央，包成正方形（D）。裝盤後，裝飾上香蕉片，再淋上蜂蜜。

＊平底鍋如果沒有充分熱鍋，就無法煎出漂亮的焦色。倒進麵糊時所發出的滋滋聲響，就是煎出美味可麗餅的信號。

＊把可麗餅折疊成正方形，撒上大量的糖粉，放上奶油，淋上少數的檸檬汁，同樣也非常美味。

A

B

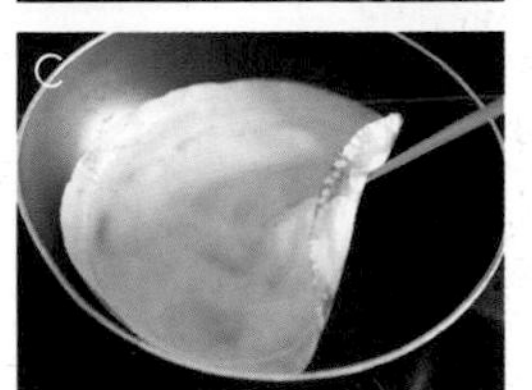
C

D

# 甜橙可麗餅

材料（直徑22㎝的平底鍋6張）

低筋麵粉 …… 80g
砂糖 …… 20g
鹽巴 …… 1/6小匙
甜橙汁 …… 120㎖
甜橙皮（日本國產品種）…… 1顆
雞蛋 …… 2顆
奶油（無鹽）…… 30g
裝飾用甜橙、奶油（無鹽）、
　糖粉 …… 各適量

準備

・奶油隔水加熱融解，持續保溫，避免冷卻（參考p.165）。
・甜橙清洗乾淨，果皮（僅表面橘色的部分）磨成泥，果肉榨出果汁。
・裝飾用的甜橙切成片狀，剝除外皮。

1 把低筋麵粉、砂糖、鹽巴一起過篩，放進調理盆，加入甜橙汁和甜橙皮（A），用打蛋器攪拌，直到麵糊呈現柔滑。

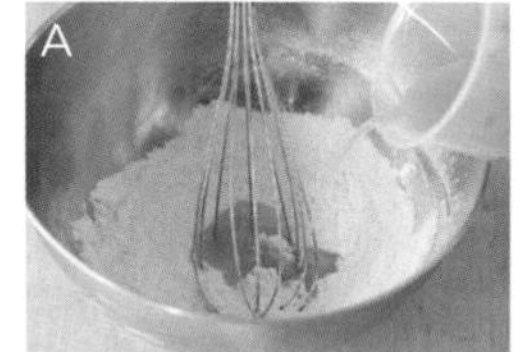


2 加入蛋液拌勻。

3 加入融解的奶油拌勻，蓋上保鮮膜，在室溫下（陰涼處）靜置30分鐘。

4 參考p.41的步驟**4～5**，煎出可麗餅餅皮。摺疊後裝盤，附上甜橙和奶油，再撒上糖粉。

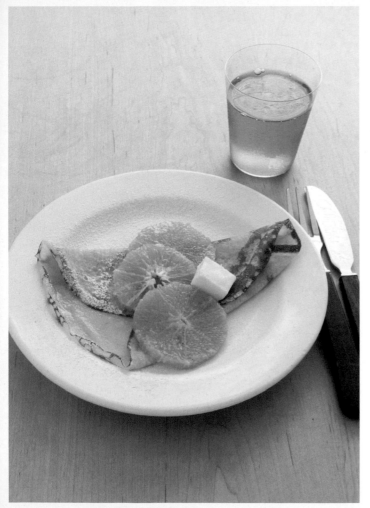

日本國產甜橙的季節，絕對缺少不了這一道甜點。

# 糖漬甜橙

材料（容易製作的份量）

甜橙（日本國產品種）…… 2顆

砂糖 …… 60g

水 …… 150㎖

甜橙汁 …… 2大匙

＊如果沒有甜橙汁，水量就增加為170㎖，砂糖70g。

1 甜橙清洗乾淨，切成厚度3㎜的片狀（A）。

2 把砂糖和水放進鍋裡，開中火加熱。煮沸後，加入甜橙和甜橙汁，放上落蓋，用小火烹煮20分鐘（B）。關火，直接浸泡在湯汁內，冷卻。

＊可冷藏保存一星期左右。

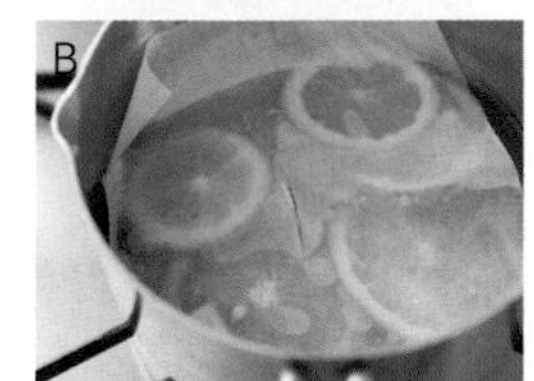


切片後再快速烹煮就能完成。冷卻後也可直接品嚐。

杏仁風味的麵團內也加上糖漬甜橙，使切片更漂亮。

# 糖漬甜橙蛋糕

材料（18×8×深度6cm的磅蛋糕模具1個＋直徑7.5cm的布丁模具1個）

奶油（無鹽）⋯⋯ 120g
砂糖（蔗糖尤佳）⋯⋯ 110g
鹽巴 ⋯⋯ 1撮
雞蛋 ⋯⋯ 2顆
杏仁粉 ⋯⋯ 60g
低筋麵粉 ⋯⋯ 120g
泡打粉 ⋯⋯ 1/2小匙
甜橙皮（日本國產品種）⋯⋯ 1顆
甜橙汁 ⋯⋯ 2大匙
糖漬甜橙（參考p.43）⋯⋯ 甜橙1顆

準備
- 奶油和雞蛋恢復至室溫。
- 在模具內鋪上高度比模具略高的烘焙紙（參考p.165）。
- 甜橙清洗乾淨，果皮（僅表面橘色的部分）磨成泥，果肉榨出果汁。
- 糖漬甜橙的尺寸如果偏大，就切成對半。
- 烤箱預熱至170度。

1 把奶油放進調理盆，用打蛋器攪拌成柔軟的膏狀。加入砂糖和鹽巴，將空氣打入，直到呈現泛白為止（A）。

2 把蛋液分6次加入，每次加入都要充分拌勻後，再加入下一次（B）。

3 杏仁粉過篩，放入調理盆拌勻（C）。

4 低筋麵粉和泡打粉一起過篩，放進調理盆，用橡膠刮刀攪拌至呈現柔滑。

5 加入甜橙皮和甜橙汁拌勻（D）。

6 把一半份量倒進模具裡，用湯匙的背部抹平表面。將一半份量的糖漬甜橙放進模具裡面（E）。

7 倒進剩餘的麵糊，放上剩餘的糖漬甜橙。剩餘的麵糊就倒進鋪上馬芬杯的布丁模具裡面，同樣放上糖漬甜橙（F）。用170度的烤箱烤50分鐘（布丁模具25分鐘）。

8 脫模後，放在鐵網上冷卻，熱度消退後，撕掉烘焙紙，冷卻後再分切成小塊。

A

C

B

D

E

F

過去、現在都超級喜歡，用雞蛋和牛乳製成的簡單甜點。

# 卡士達布丁

材料（直徑7.5㎝的布丁模具4個）

焦糖醬 …… 份量與p.102相同
牛乳 …… 260mℓ
雞蛋 …… 2顆
砂糖 …… 40g
香草豆莢 …… 2㎝

準備

- 把鋁箔剪成9㎝的正方形4片。
- 香草豆莢切開豆莢，取出種籽，和砂糖混合（A），豆莢放進牛乳裡面。
- 在模具內薄塗奶油（份量外）。
- 在較深的平底鍋或鍋子裡倒進高度2㎝左右的熱水，鋪上毛巾。

1 參考p.102的步驟**2**，製作焦糖醬。平均倒進模具裡面。

2 把牛乳和香草豆莢的豆莢放進鍋裡，開小火加熱，加熱至還不到沸騰的程度，把鍋子從火爐上移開。

3 把雞蛋放進調理盆，用打蛋器拌勻，放進混入香草籽的砂糖，拌勻。把步驟**2**的牛乳倒入，拌勻後，以多用途濾網過濾。

4 倒進步驟**1**的模具裡面（B），蓋上鋁箔製成的蓋子。排放在平底鍋裡面（C），蓋上鍋蓋，鍋蓋的位置稍微錯置，用小火蒸煮15～20分鐘。熱度消退後，放進冷藏室冷藏2小時，脫模後，裝盤。

A

B

C

# 夏天的甜點

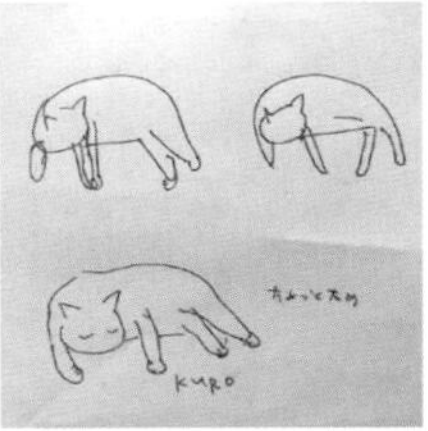

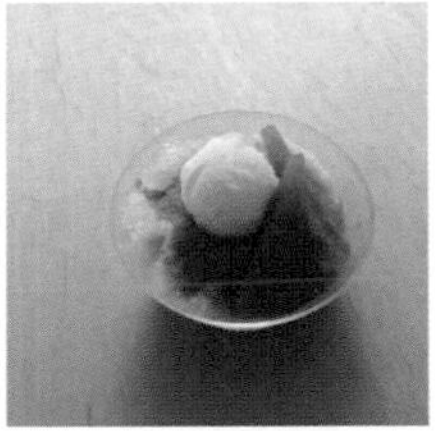

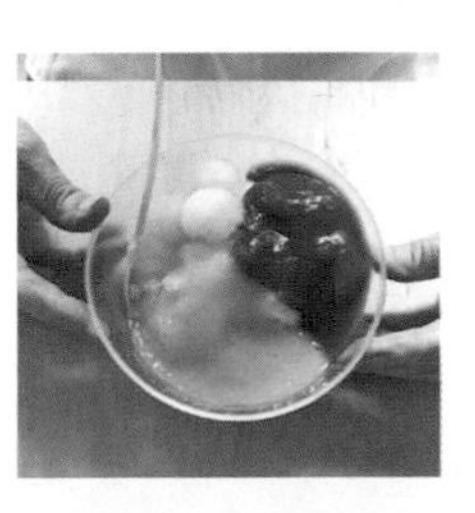

輕盈、濕潤的夏季香蕉蛋糕。搭配冰涼冷飲品嚐。

# 香蕉蛋糕

材料（18×8×深度6㎝的磅蛋糕模具1個）

雞蛋……1顆

砂糖（蔗糖尤佳）……40g

香蕉……淨重170g（1.5條）

沙拉油（米糠油尤佳）……35㎖

奶油（無鹽）……30g

高筋麵粉……100g

泡打粉……½小匙

準備

- 在模具內鋪上高度比模具略高的烘焙紙（參考p.165）。
- 烤箱預熱至170度。
- 奶油隔水加熱融解，持續保溫，避免冷卻（參考p.165）。
- 取110g的香蕉，用叉子壓碎，製成泥狀（A）。剩餘部分（60g）切成1㎝丁塊狀。

1 把雞蛋和砂糖放進調理盆，用高速的手持攪拌機打發。呈現蓬鬆，份量增加後，改用低速確實打發，直到流下的蛋糊呈現緞帶狀為止（B）。

2 加入香蕉泥、沙拉油、融解的奶油。

3 高筋麵粉和泡打粉一起過篩後，放進調理盆，用橡膠刮刀拌勻（C）。

4 加入切成1㎝丁塊狀的香蕉（D），輕輕混拌均勻。

5 倒進模具裡面，把表面抹平（E），用170度的烤箱烤45分鐘。

6 脫模，放在鐵網上冷卻，熱度消退後，撕掉烘焙紙，冷卻後再分切成小塊。

＊如果略過步驟**4**，選擇不加入切成丁塊狀的香蕉，就可冷藏保存5天左右。這個時候，只要在表面撒上大量的核桃，就會十分美味。

A

C

B

D

E

利用味道十分契合的香蕉和咖啡，簡單製作。

# 香蕉提拉米蘇

材料（6人份）

海綿蛋糕片（參考p. 145）…… 1/2片

〔咖啡〕

研磨咖啡豆 …… 30g

熱水 …… 150㎖

＊若是採用即溶咖啡，就用100㎖的熱水沖泡2大匙的即溶咖啡。

香蕉 …… 淨重100g（1條）

砂糖 …… 30g

原味優格 …… 100g

鮮奶油 …… 120㎖

可可粉 …… 適量

裝飾用香蕉 …… 適量

準備

・海綿蛋糕片切成4㎝的方形18片（A）。

1 用咖啡豆和熱水沖泡出濃郁的咖啡。

2 把香蕉、砂糖、優格放進調理盆，用叉子壓碎，拌勻（B）。

3 鮮奶油打至八分發泡（參考p. 164），倒進步驟**2**的調理盆內，用橡膠刮刀拌勻（C）。

4 把1片海綿蛋糕片放進容器內，用湯匙淋入咖啡（D），倒入大約1大匙步驟**3**的材料。重複3次前面的步驟（E），蓋上保鮮膜，放進冷藏室冷藏30分鐘。

5 用濾茶網撒上可可粉，裝飾上香蕉片。

A

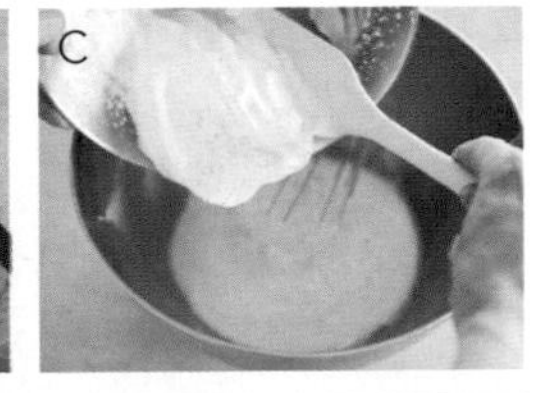
C

B

D

E

每次採藍莓後，必做的甜點。

# 藍莓馬芬

材料（直徑7.5cm的布丁模具7個）

雞蛋 …… 1顆
鹽巴 …… 1撮
沙拉油（米糠油尤佳）…… 60mℓ
牛乳 …… 40mℓ
藍莓 …… 100g
砂糖 …… 70g
檸檬汁 …… 1小匙
低筋麵粉 …… 120g
泡打粉 …… 1小匙

準備

- 藍莓清洗乾淨後，瀝乾水分，撒上砂糖和檸檬汁（A），靜置1小時左右。
- 在模具裡鋪上馬芬杯。
- 烤箱預熱至180度。

1 把雞蛋和鹽巴放進調理盆，用打蛋器拌匀。

2 加入沙拉油拌匀。

3 加入牛乳拌匀，藍莓連同砂糖一起加入。

4 把低筋麵粉和泡打粉一起過篩，放進調理盆，用橡膠刮刀拌匀。

5 用湯匙把麵糊倒進模具，大約裝六分滿（B），用預熱至180度的烤箱烤25分鐘。脫模後，在鐵網上放涼。

＊也可以隨附上打發的鮮奶油或藍莓。

A

B

酵母發酵後的鬆軟口感。加熱後的藍莓酸味也非常美味。

# 藍莓鬆餅

材料（5片）

溫水（肌膚溫度）…… 40㎖
砂糖 …… 10g
乾酵母 …… 1g（$\frac{1}{3}$小匙）
蛋黃 …… 1顆
鹽巴 …… 1撮
原味優格 …… 40g
沙拉油（米糠油尤佳）…… 2小匙
低筋麵粉 …… 60g
〔蛋白霜〕
　蛋白 …… 1顆
　砂糖 …… 10g
藍莓 …… 80g
奶油（無鹽）、裝飾用的藍莓 …… 各適量

準備

・藍莓清洗乾淨後，瀝乾水分。

1 把溫水和砂糖放進調理盆，用打蛋器充分拌勻，加入乾酵母拌勻。

2 依序加入蛋黃、鹽巴、優格、沙拉油拌勻，篩入低筋麵粉，持續攪拌至呈現柔滑狀態（A）。

3 蓋上保鮮膜，在室溫下靜置30分鐘～1小時。

4 把蛋白和砂糖放進另一個調理盆，用手持攪拌機打發，製作出呈現勾角的蛋白霜（參考p. 164）。

5 把蛋白霜倒進步驟**3**的調理盆，用橡膠刮刀拌勻。

6 加入藍莓，輕輕拌勻（B）。

7 平底鍋（氟素樹脂加工或略厚的鐵製平底鍋）用中火加熱，倒入沙拉油（份量外），用廚房紙巾把油抹開。倒入單片份量約$\frac{1}{5}$的麵糊（C），膨脹後，翻面（D），改用小火，蓋上鍋蓋。持續煎4～5分鐘，膨脹後起鍋。剩餘的麵糊也以相同方式製作。

8 裝盤，放上奶油，撒上藍莓。

＊也可以把乾酵母換成$\frac{1}{2}$小匙的泡打粉。這個時候，要把溫水換成水，同時，也可以省略步驟**3**靜置發酵的過程。
＊淋上大量的楓糖，也相當美味。

A

B

C

D

# 杏桃醬

材料（容易製作的份量）

杏桃 …… 淨重700g
砂糖 …… 300g

準備

- 把保存罐充分清洗乾淨，不用預熱，用160度的烤箱烘乾10分鐘。
- 保存罐的蓋子用鍋子煮沸消毒。

1 杏桃仔細清洗乾淨，瀝乾水分，用菜刀切出一圈刀痕，切痕深度要觸及種籽。用手扭轉，將果肉一分為二，取出種籽（A）。進一步再切成對半。

2 把杏桃和砂糖放進鍋裡，用偏弱的中火加熱。熬煮20分鐘，直到水分釋出，產生濃稠感（B）。

3 趁熱裝進保存罐內，把蓋子鎖緊（戴手套），顛倒放置冷卻。

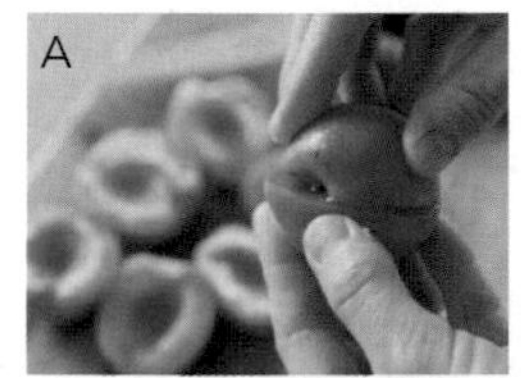

我很喜歡杏桃，所以每次只要發現杏桃，就會買回家細細熬煮。

在日式點心舖發現的美味組合。

# 杏桃醬銅鑼燒

材料（直徑7㎝，6個）

寒天粉 …… $\frac{1}{3}$小匙（1g）

水 …… 70㎖

杏桃醬 …… 200g（參考p.58）

砂糖 …… 10g

銅鑼燒 …… 份量與p.163相同

1 把寒天和水放進鍋裡，開中火加熱，用木鏟一邊攪拌烹煮。沸騰後，改用小火，一邊攪拌，烹煮2分鐘。

2 把鍋子從火爐上移開，加入杏桃醬和砂糖拌勻。

3 倒進調理盆，熱度消退後，蓋上保鮮膜，放進冷藏室冷藏凝固1小時以上。

4 參考p.163製作銅鑼燒。

5 用湯匙把步驟**3**的餡料撥散，將2大匙餡料放在銅鑼燒上面（A），再用另一片銅鑼燒夾起來。

巴巴露亞淋上杏桃的鮮果滋味。

# 香草巴巴露亞佐杏桃醬

材料（直徑7.5㎝的布丁模具5個）

蛋黃 …… 2顆
砂糖 …… 40g
香草豆莢 …… 2㎝
牛乳 …… 150㎖
明膠片 …… 5g
冷水 …… 適量
鮮奶油 …… 120㎖
牛乳 …… 2小匙
杏桃醬（參考p.58）…… 30g
裝飾用的薄荷 …… 適量

準備

- 明膠片用冷水浸泡，變軟後擠掉水分（參考p.165）。
- 香草豆莢切開豆莢，取出種籽，和砂糖混合（參考p.47的A），豆莢放進150㎖的牛乳裡面。

1 把蛋黃放進調理盆，用打蛋器確實打散，把混入香草種籽的砂糖倒入，拌勻。

2 把牛乳和香草豆莢的豆莢放進鍋裡，開小火加熱，加熱至還不到沸騰的程度。把步驟**1**的材料分次倒入（A），每次都要拌勻，再加入下一次。

3 以多用途濾網過濾回鍋裡，一邊不斷用木鏟攪拌，一邊用小火加熱。氣泡消失，呈現濃稠狀之後（B），把鍋子從火爐上移開。

4 倒入明膠拌勻，鍋底隔著冰水，用橡膠刮刀一邊攪拌冷卻。

5 把2小匙的牛乳倒進鮮奶油裡面，打至六分發泡（參考p.164）後，倒進步驟**4**的鍋子裡拌勻（C）。

6 倒進模具裡面，把表面抹平（D），放進冷藏室冷藏凝固2小時。用濾網過濾杏桃醬，用2大匙的熱水（份量外）稀釋。模具放進熱水裡面浸泡2～3秒，溫熱後倒扣脫模，裝盤後，淋上杏桃醬，放上薄荷裝飾。

A

B

C

D

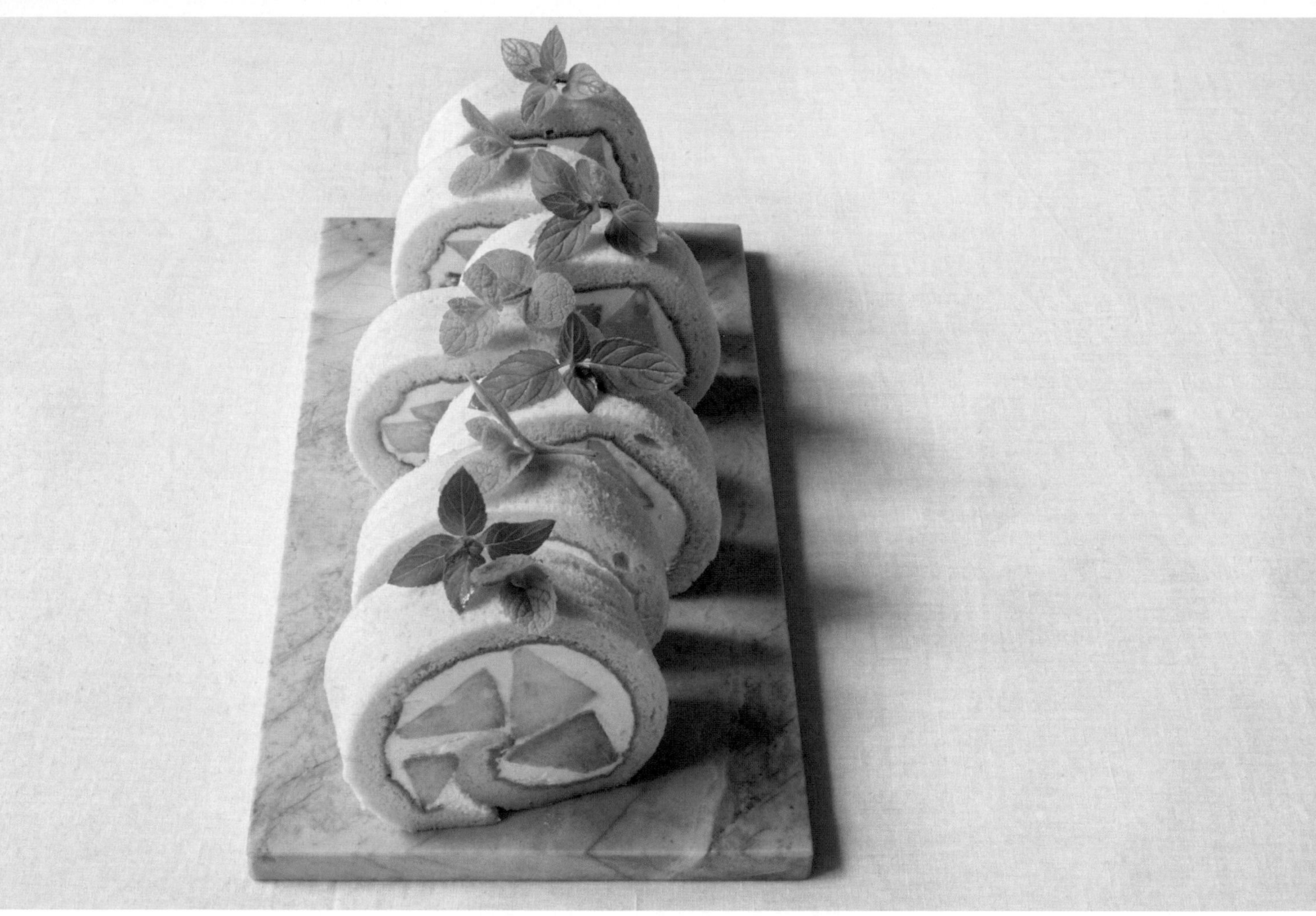



**蜜桃瑞士卷** 用質地細緻的海綿蛋糕包裹水嫩蜜桃。

# 蜜桃瑞士卷

材料（25×29cm的烤盤1盤）

〔海綿蛋糕片〕
- 蛋黃……3顆
- 砂糖……30g
- 〔蛋白霜〕
  - 蛋白……3顆
  - 砂糖……50g
- 低筋麵粉……50g
- 沙拉油（米糠油尤佳）……35mℓ

鮮奶油……200mℓ
砂糖……10g
桃子……1～2顆
裝飾用的薄荷……適量

準備
- 在烤盤鋪上2張烘焙紙（參考p.165）。
- 烤箱預熱至200度。

1 製作海綿蛋糕片。把蛋黃和30g的砂糖倒進調理盆，用高速的手持攪拌機打發，直到呈現泛白，產生濃稠感（A）。

2 把蛋白和50g的砂糖放進另一個調理盆，用手持攪拌機打發，製作出呈現勾角的蛋白霜（參考p.164）。

3 把步驟**1**的材料倒進蛋白霜裡面，用打蛋器拌勻（B）。篩入低筋麵粉，以從底部往上撈的方式，用打蛋器慢慢拌勻（C）。

4 粉末完全消失後，加入沙拉油，用橡膠刮刀拌勻。

5 把麵糊倒進烤盤，將表面抹平（D），如果有的話，就把另一片烤盤重疊在下方，用200度的烤箱烤12分鐘。

6 將海綿蛋糕片從烤盤內取出，撕開側面的烘焙紙，把底部的烘焙紙蓋在上面，放置冷卻（E）。

7 把海綿蛋糕片翻面，撕掉上面的烘焙紙（F），蓋上保鮮膜，再次翻面。

8 以斜切的方式切除單邊的邊緣，用菜刀在上面劃出淺淺的刀痕，這樣蛋糕片就會比較好捲（G）。

9 把砂糖放進鮮奶油裡面，打至九分發泡（參考p.164）。

10 桃子剝除外皮，切成梳型切。把步驟**9**的鮮奶油均勻塗抹在蛋糕片上面，把桃子排成3排，各排相距3cm（H）。從沒有切掉邊緣的那邊開始，拉起保鮮膜，往內捲（I）。

11 用保鮮膜包起來，放進冰箱冷卻30分鐘以上，依照個人喜好的厚度分切後，裝盤，裝飾上薄荷。

＊之所以把2塊烤盤重疊在一起，是為降低烤箱下火的火候。如果沒有多餘的烤盤，把厚紙板鋪在烘焙紙的下方也可以。

＊只要用汆燙的方式，就可以完美剝除桃子的外皮。用鍋子把水煮沸，將桃子放進鍋裡浸泡30秒左右，再放進冷水浸泡，就能用手輕易剝除外皮。

A
B
C
D
E
F
G
H
I

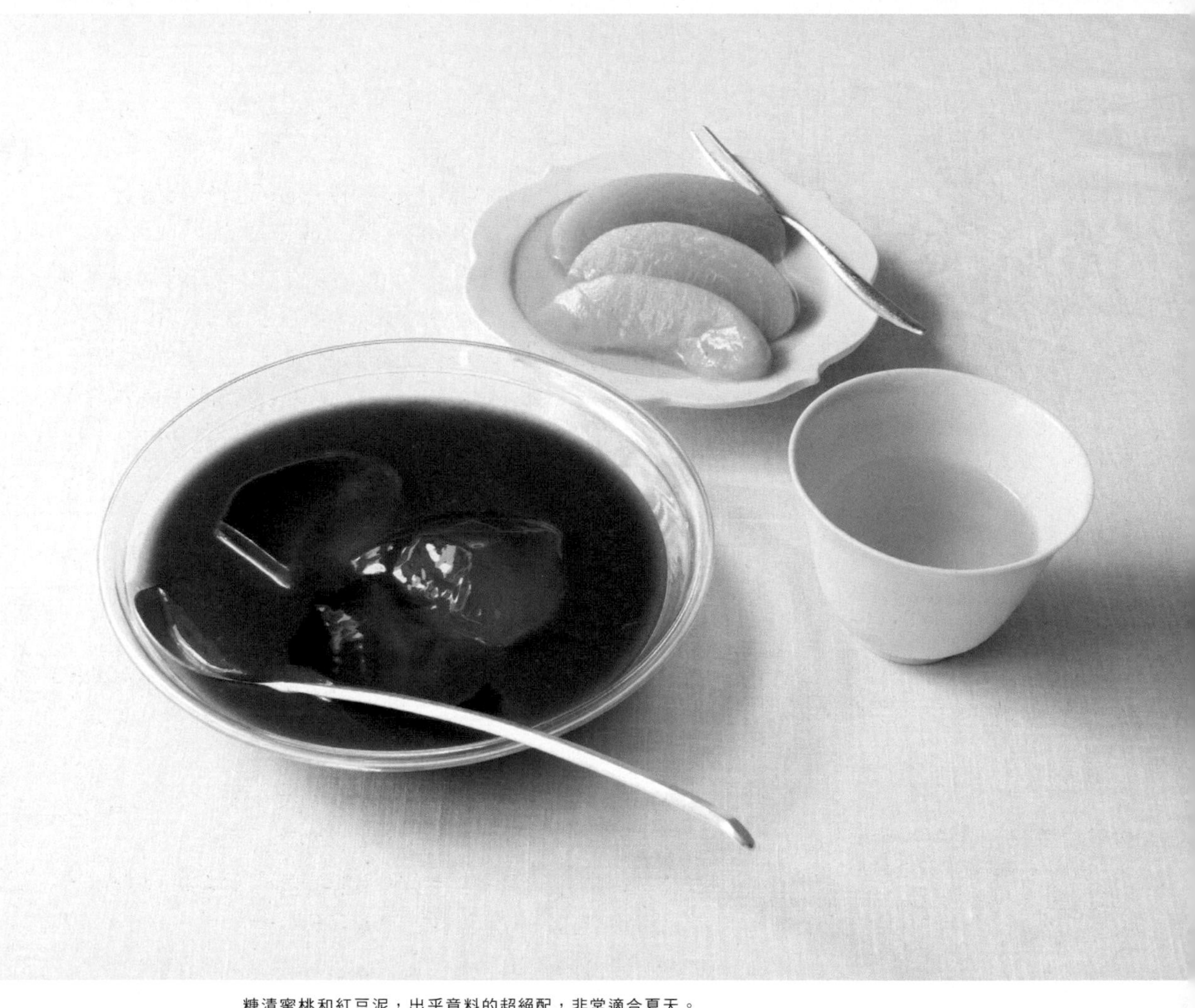



糖漬蜜桃和紅豆泥，出乎意料的超絕配，非常適合夏天。

# 蜜桃紅豆湯

材料（約6人份）

〔糖漬蜜桃〕

桃子 …… 2顆

砂糖 …… 180g

水 …… 600mℓ

檸檬汁 …… 1大匙

〔紅豆湯〕

糖漬蜜桃 …… 200g

糖漬蜜桃的糖水 …… 100g

紅豆泥（市售）…… 250g

〔果凍〕

糖漬蜜桃的糖水 …… 300g

砂糖 …… 10g

瓊脂 …… 5g

水 …… 100mℓ

準備

・桃子仔細清洗乾淨，用菜刀切出一圈刀痕，切痕深度要觸及種籽。用手扭轉，將果肉一分為二，利用小湯匙取出種籽（A）。進一步再切成對半。

1 製作糖漬蜜桃。把砂糖和水放進鍋裡，開中火加熱，沸騰後，放進檸檬汁和桃子，加上落蓋，烹煮15分鐘（B）。

2 把桃子翻面，再進一步煮5～10分鐘。桃子出現透明感後，關火，直接浸泡在湯汁裡冷卻。

3 用手剝掉外皮，連同湯汁一起放進保存容器，放進冷藏室冷藏。

4 製作紅豆湯。測量糖漬蜜桃和糖水的份量，用果汁機或食物調理機攪拌成泥狀。

5 把紅豆泥放進調理盆，分3次倒入步驟**4**的材料（C），用橡膠刮刀稀釋紅豆泥。放進冷藏室冷藏。

6 製作果凍。測量糖漬蜜桃的糖水份量，倒進鍋裡，開中火加熱，沸騰後，把鍋子從火爐上移開。

7 把砂糖和瓊脂放進較小的調理盆，用打蛋器拌勻。

8 把水放進另一個鍋子，逐次倒入步驟**7**的材料，確實拌勻。開小火，一邊用打蛋器攪拌，持續加熱至快要沸騰的程度後，把鍋子從火爐上移開。

9 把步驟**6**的糖水倒入拌勻，倒進容器裡面（D）。熱度消退後，蓋上保鮮膜，放進冷藏室冷藏凝固3小時以上。

10 把步驟**5**的紅豆泥放進容器裡，撈起步驟**9**的果凍，讓果凍浮起。如果有的話，就一併隨附上糖漬蜜桃。

＊糖漬蜜桃約可冷藏保存5天。

A

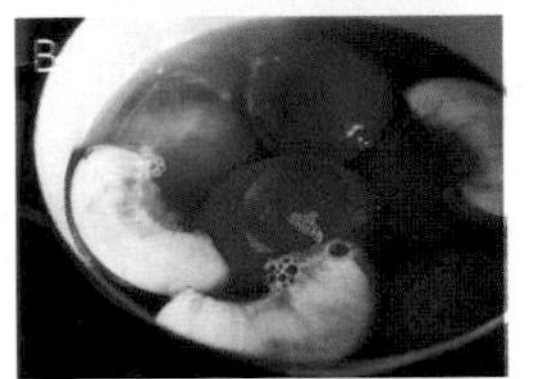
B

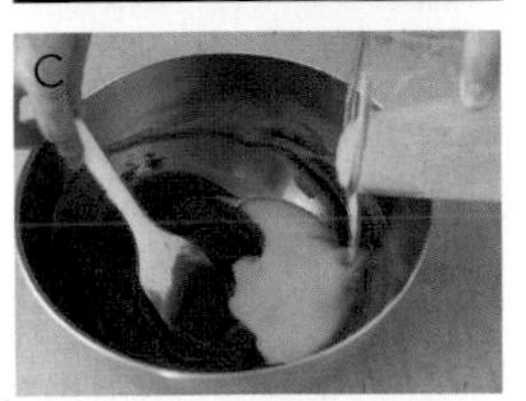
C

D

美麗的顏色令人驚艷。濃醇、入口即化。

# 芒果布丁

材料（6人份）

芒果 …… 淨重250g
水 …… 130mℓ
砂糖 …… 40g
椰奶粉 …… 20g
明膠片 …… 5g
冷水 …… 適量
鮮奶油 …… 50mℓ
原味優格 …… 1大匙
裝飾用的芒果 …… 適量

準備

- 明膠片用冷水浸泡，變軟後擠掉水分（參考p.165）。

1 芒果去除外皮和種籽（A、B）。連同種籽周圍的柔軟果肉一起測量，準備250g的份量。加入水、砂糖、椰奶粉（C），用果汁機或食物調理機攪拌成泥狀。

2 放進鍋裡，開中火加熱，沸騰後，把鍋子從火爐上移開。

3 加入明膠（D），用橡膠刮刀拌勻。鍋底隔著冰水冷卻（E）。

4 用湯匙撈進容器裡面，蓋上保鮮膜，放進冷藏室冷藏凝固2小時以上。加入原味優格，再放上打發的鮮奶油和切丁的芒果果肉。

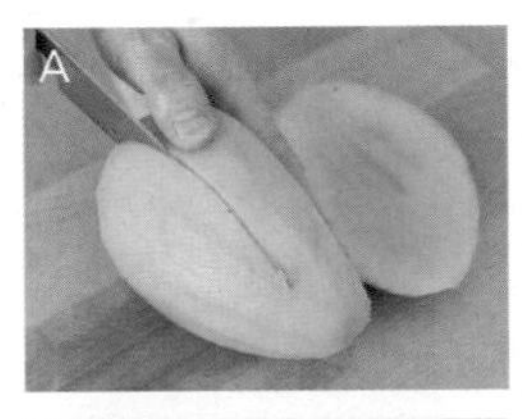
A

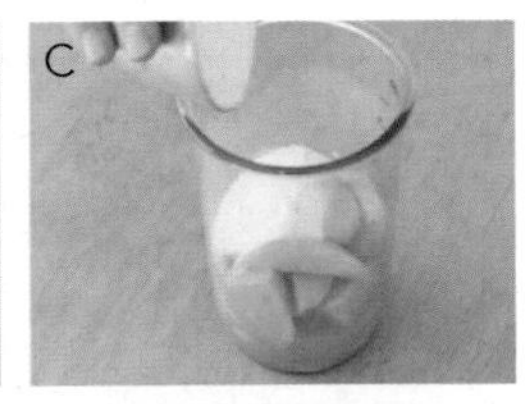
C

B

D

E

清爽 & 多汁的夏季海綿蛋糕。

# 甜瓜海綿蛋糕

材料（直徑15㎝的活底圓形模具1個）

海綿蛋糕體 …… 份量與p.12相同

〔糖漿〕

- 水 …… 50㎖
- 砂糖 …… 20g
- 阿瑪雷托（Amaretto）…… 1大匙

＊阿瑪雷托是帶有杏仁香氣的甜露酒。

鮮奶油 …… 300㎖

砂糖 …… 25g

阿瑪雷托 …… 1小匙

甜瓜 …… $\frac{1}{2}$～1個

裝飾用的香草 …… 適量

準備

- 參考p.12的步驟**1～5**，製作海綿蛋糕，冷卻後，從下面切出厚度1.5㎝的海綿蛋糕3片（上方多餘部分不使用）。
- 參考p.12的步驟**6**，製作糖漿，冷卻備用。
- 把圓形花嘴裝在擠花袋上面，放進杯子等容器裡面，將上方掀開（參考p.165）。

**1** 甜瓜把正中央較寬的部分切成厚度1㎝的片狀，去除種籽，削除外皮，準備3～4片作為夾心之用。剩餘部分用挖球器挖出圓形的果肉（A）。

**2** 把砂糖和阿瑪雷托倒進鮮奶油裡面，打至六分發泡（參考p.164）。將一半份量移放到另一個調理盆（披覆用），放進冷藏室冷藏。剩餘部分打至八分發泡（夾心用）。

**3** 用刷毛把糖漿刷在最下層的海綿蛋糕上面，抹上夾心用的鮮奶油，依照海綿蛋糕的尺寸切割夾心用的甜瓜，放在鮮奶油上面（B），薄塗上一層鮮奶油。

**4** 放上一片底部抹上糖漿的海綿蛋糕，再重複一次步驟**3**的動作，接著再疊上一片底部抹上糖漿的海綿蛋糕（C），稍微輕壓，讓整體更加密合後，在上面抹上糖漿。側面抹上糖漿後，塗上剩餘的鮮奶油，填滿所有縫隙。

**5** 從冷藏室取出披覆用的鮮奶油，調整成六分發泡之後，倒在步驟**4**的蛋糕體上面，用抹刀將鮮奶油均勻抹開（D）。剩下的鮮奶油打至八分發泡，裝進擠花袋，擠在最上面，再裝飾上挖成圓形的甜瓜和香草。

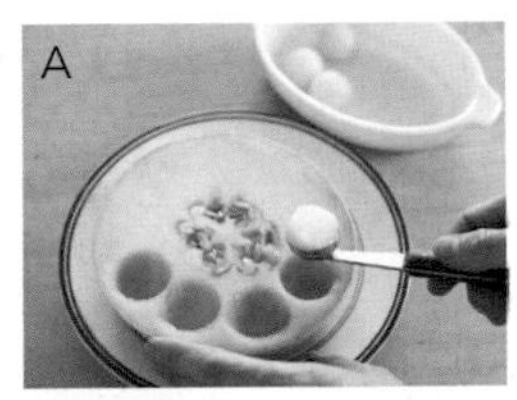
A

B

C

D

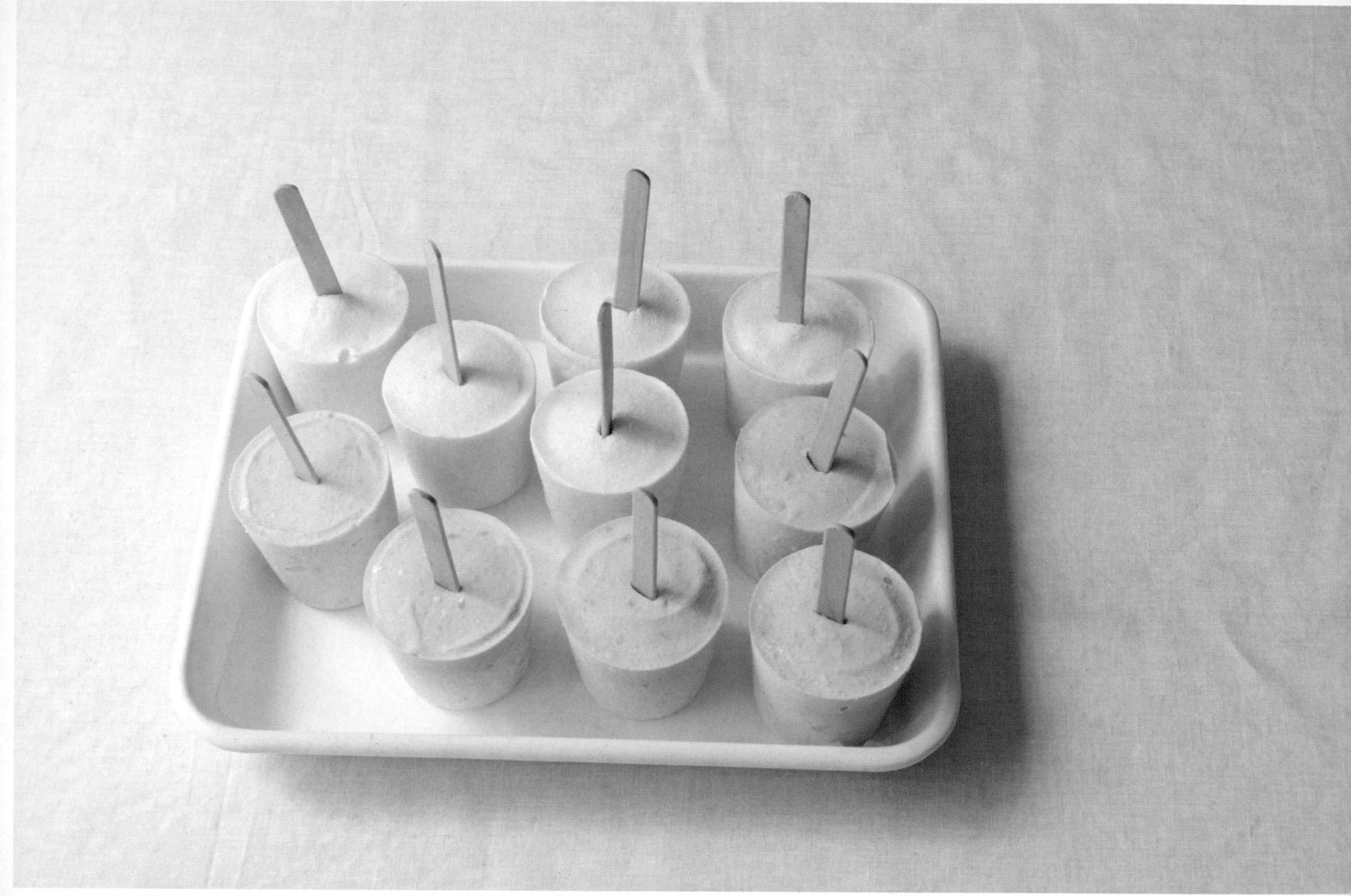



自己在家裡製作的冰棒，善用水果風味的夏季頂級甜點。

# 甜瓜 & 芒果冰棒

材料（直徑7.5cm的布丁模具5個）

鮮奶油 …… 100mℓ
甜瓜（或芒果）…… 淨重300g
砂糖 …… 60g
原味優格 …… 50g

準備

・甜瓜（或芒果）削除外皮，去除種籽，切成一口大小，放進保存用的塑膠袋，進行冷凍（A）。

1 鮮奶油打至八分發泡（參考p.164）。

2 冷凍的甜瓜（或芒果）、砂糖、優格，用果汁機或食物調理機攪拌成泥狀。

3 把步驟2的材料倒進步驟1的鮮奶油裡面，用橡膠刮刀拌勻（B）。

4 倒進模具裡面，插上冰棒棍（C），放進冷凍室冷凍凝固。

A

B

C

＊甜瓜切成對半，把果肉挖空後，冷凍當成容器使用，感覺也十分特別。

＊烘焙材料用品店可以購買到冰棒棍。如果沒有，也可以用稻桿代替。

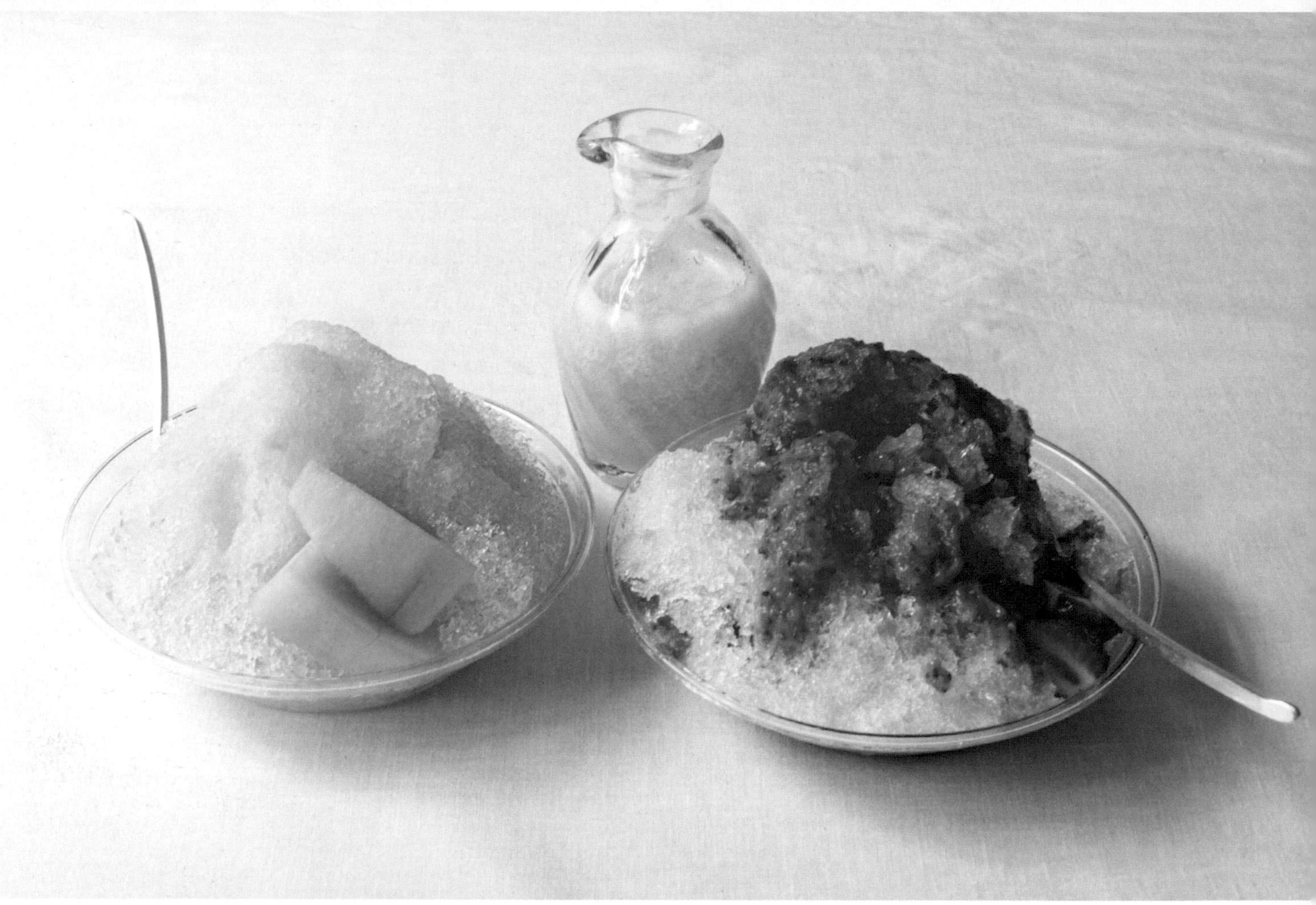

草莓糖漿只要在當季預先製作冷凍，就可以和甜瓜一起享用。

# 甜瓜 & 草莓刨冰

材料（容易製作的份量）

〔甜瓜糖漿〕

- 砂糖 …… 50g
- 水 …… 100㎖
- 甜瓜 …… 淨重300g
- 檸檬汁 …… 1小匙

刨冰 …… 適量

裝飾用的甜瓜 …… 適量

〔草莓糖漿〕

- 砂糖 …… 50g
- 水 …… 100㎖
- 草莓 …… 200g
- 檸檬汁 …… 1小匙

刨冰 …… 適量

＊在有草莓的時期製作起來冷凍。

## 甜瓜糖漿

**1** 把砂糖和水放進鍋裡，開中火加熱，沸騰後把火調小。熬煮5分鐘後，把鍋子從火爐上移開。

**2** 甜瓜切成一口大小。把濾網放在調理盆上面，連同瓜囊周邊的果肉也一併過濾（A），全部共計準備300g的份量。加入檸檬汁、步驟**1**的糖水，用果汁機或食物調理機攪拌成泥狀（B）。

**3** 裝進冷凍用的塑膠袋內，放進冷凍庫保存。使用時，解凍後，直接淋在刨冰上，再搭配切成小塊的甜瓜。

## 草莓糖漿

草莓清洗乾淨，瀝乾水分，去除蒂頭。製作方法和甜瓜糖漿相同（C、D）。如果沒有果汁機或食物調理機，就用磨碎的方式製成泥狀，和其他材料混合後，再進行冷凍即可。

A

B

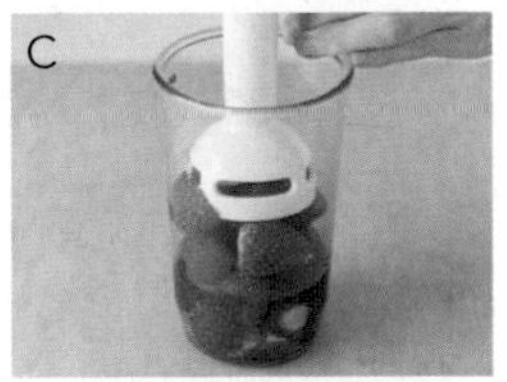
C

D

西瓜和椰奶的配色，美麗又夢幻。

# 杏仁豆腐風味的牛奶寒天凍

材料（4～6人份）

- 寒天粉 …… 1/2小匙
- 水 …… 150㎖
- 椰奶粉 …… 30g
- 砂糖 …… 30g
- 牛乳 …… 150㎖
- 西瓜 …… 1/8個

＊沒有西瓜時，就使用其他水果或罐頭水果和糖漿。

- 檸檬汁 …… 1小匙
- 裝飾用的薄荷 …… 適量

1 把寒天和水放進鍋裡，開中火加熱，用木鏟一邊攪拌烹煮。沸騰後，改用小火煮2分鐘，加入椰奶粉和砂糖，煮1分鐘。

2 把鍋子從火爐上移開，加入牛乳，用打蛋器拌勻。

3 倒進調理盤（A），熱度消退後，蓋上保鮮膜，放進冷藏室冷藏凝固2小時以上。

4 西瓜磨成泥（B），去除西瓜籽（如果種籽太多，就用濾網過濾），加入檸檬汁。

5 把步驟**4**的西瓜醬倒進容器，步驟**3**的寒天用模具壓製成型，放進西瓜醬裡面，放上薄荷裝飾。

＊照片左邊是切成塊狀的寒天，加上糖漿（用100㎖的水烹煮融解30g的砂糖）和挖成圓形的西瓜。

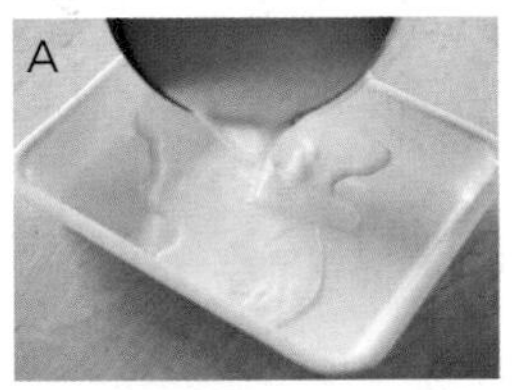
A

B

利用優格增添清爽口感。裝飾上符合夏天氣息的鳳梨。

# 起司蛋糕

材料（直徑15㎝的活底圓形模具1個）

餅乾（市售）…… 60g
奶油（無鹽）…… 20g
奶油起司 …… 200g
砂糖 …… 60g
原味優格 …… 100g
檸檬汁 …… 2小匙
檸檬皮（日本國產品種）…… $1/2$～1個
明膠片 …… 3g
冷水 …… 適量
鮮奶油 …… 100㎖
裝飾用的鳳梨、薄荷 …… 各適量

準備

- 奶油起司恢復至室溫。
- 明膠片用冷水浸泡，變軟後擠掉水分（參考p.165），放進小的調理盆。
- 檸檬清洗乾淨，果皮（僅表面的黃色部分）磨成泥，果肉榨出果汁。
- 在模具側面鋪上烘焙紙。

1 把餅乾放進調理盆，用擀麵棍搗碎（A）。加入奶油，用手充份混合均勻，平鋪在模具的底部（B）。

2 把奶油起司和砂糖放進另一個調理盆，用打蛋器攪拌直到呈現柔滑程度。依序加入優格、檸檬汁、檸檬皮拌勻（C）。

3 放了明膠片的調理盆隔水加熱，明膠溶化後，倒入少許步驟**2**的材料，使材料充份混合（D）。

4 倒進步驟**2**的調理盆裡面，確實混合拌勻。

5 鮮奶油打至六分發泡（參考p.164），倒進步驟**4**的調理盆拌勻（E）。

6 把麵糊倒進步驟**1**的模具裡面，用湯匙的背部，在表面製作出紋路（F），蓋上保鮮膜，放進冷藏室冷藏凝固3小時以上。

7 脫模，撕掉烘焙紙，裝飾上切成1㎝丁塊狀的鳳梨和薄荷。

A

C

B

D

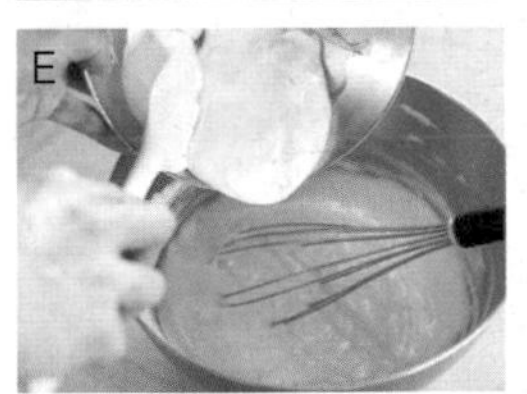
E

F

# 冷凍優格

材料（3～4人份）

原味優格 …… 250g

蜂蜜 …… 50g

個人喜愛的水果 …… 適量　＊這裡使用的是藍莓。

準備

・把容器冷凍備用。

1　把優格和蜂蜜放進調理盆（A），用打蛋器拌勻。

2　倒進調理盆或調理盤，蓋上保鮮膜，放進冷凍室靜置1～2小時。凝固後，用打蛋器或叉子攪拌，再次放進冷凍室冷凍。

3　重複步驟**2**的作業2～3次，最後用橡膠刮刀充分攪拌，直到呈現柔滑狀態。

4　用湯匙或冰淇淋挖勺挖出裝盤，隨附上藍莓。

＊如果放進冰淇淋機冷凍，口感就會更加柔滑。

夏天，也可以把每天早上吃的優格冷凍起來當成點心。

# 牛乳雪寶

材料（3～4人份）

牛乳 …… 300mℓ

砂糖 …… 80g

裝飾用的餅乾（參考p.105）…… 適量

1　把牛乳100mℓ和砂糖放進鍋裡，用小火加熱，加熱至還不到沸騰的程度。用打蛋器攪拌，砂糖融解後，加入剩餘的牛乳拌勻。

2　倒進調理盆或調理盤，蓋上保鮮膜，放進冷凍室靜置1～2小時。凝固後，用打蛋器或叉子攪拌（A），再次放進冷凍室冷凍。

3　重複步驟**2**的作業2～3次，最後用橡膠刮刀充分拌勻。

4　用湯匙或冰淇淋挖勺挖出裝盤，隨附上餅乾。

＊如果放進冰淇淋機冷凍，口感就會更加柔滑。

帶著清爽口感的牛奶糖風味。

玉米也非常適合用於烘焙甜點。也很適合當夏天的早餐。

# 玉米馬芬

材料（直徑7.5cm的布丁模具6個）

- 玉米 …… 淨重50g（約1/2條）
- 牛乳 …… 40mℓ
- 砂糖 …… 50g
- 鹽巴 …… 1撮
- 雞蛋 …… 1顆
- 低筋麵粉 …… 120g
- 泡打粉 …… 1小匙
- 奶油（無鹽）…… 60g

準備

- 玉米剝除葉子，沿著玉米粒縱切入刀，剝下玉米粒（A）。
- 模具鋪上馬芬杯或烘焙紙。
- 烤箱預熱至180度。
- 奶油隔水加熱融解，持續保溫，避免冷卻（參考p.165）。

1 玉米取1大匙備用，剩餘部分切成細碎，連同汁液一起放進調理盆，加入牛乳（B）。

2 加入砂糖、鹽巴、雞蛋，用打蛋器充分拌勻。

3 低筋麵粉和泡打粉一起過篩，放進調理盆，用橡膠刮刀拌勻。

4 把融解的奶油和之前留下備用的玉米放進調理盆拌勻。

5 倒進模具裡面，約六分滿，用180度的烤箱烤25分鐘。脫模後，放在鐵網上冷卻。

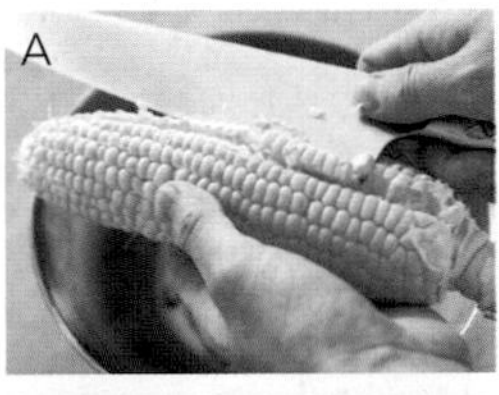
A

B

## 秋天的甜點

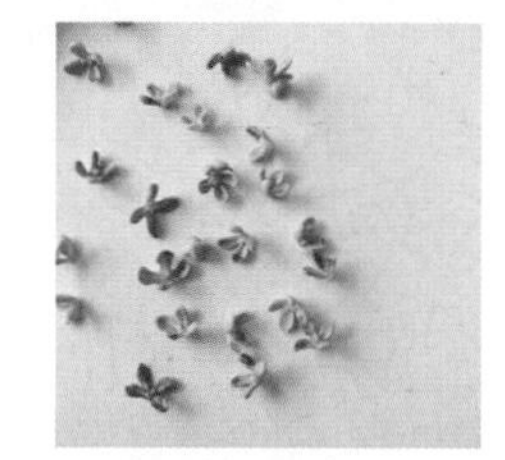

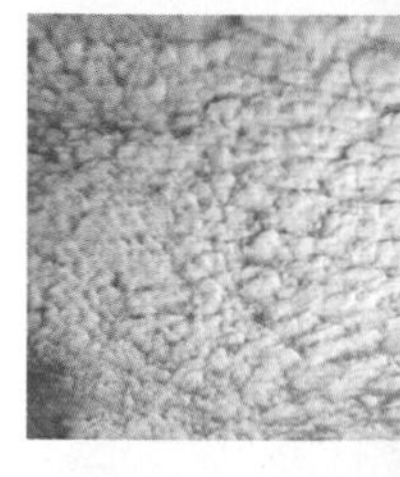

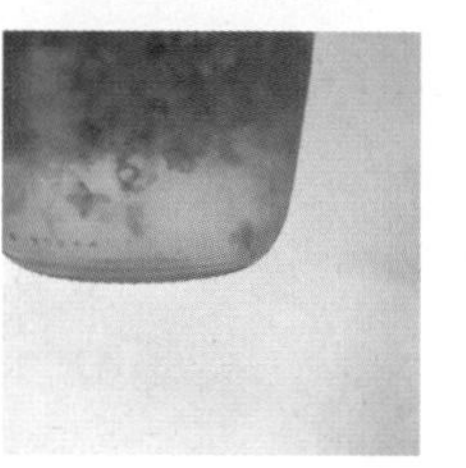

GENERAL
STORE
LEMONADE

在原味麵團裡添加可可粉，味覺、視覺全都符合想像。

# 雙色奶油酥餅

材料（容易製作的份量）

奶油（無鹽）…… 60g
和三盆糖（或糖粉）…… 30g
鹽巴 …… 1撮
低筋麵粉 …… 75g
上新粉 …… 25g
原味優格 …… 1/2小匙
可可粉 …… 1/2小匙
手粉（高筋麵粉尤佳）…… 適量

準備

- 奶油恢復至室溫。
- 烤盤鋪上烘焙紙。
- 在中途將烤箱預熱至160度。

1 把奶油放進調理盆，用橡膠刮刀攪拌，和三盆糖和鹽巴一起過篩，放進調理盆拌勻。

2 低筋麵粉和上新粉一起過篩，放進調理盆，持續混拌，直到呈現鬆散狀態，加入優格拌勻（A）。整體變得柔滑後，彙整成團。

3 把麵團分成一半，把可可粉倒進另一半麵團裡面（B），持續攪拌直到整體呈現柔滑狀態。撒上手粉，把麵團放在揉麵墊上，用手掌的根部按壓搓揉。將麵團搓成棒狀後，把兩條麵團排在一起，用保鮮膜包起來（C）。從保鮮膜的上方，用擀麵棍把麵團的厚度擀壓成4mm（D），放進冷藏室靜置2小時以上。

4 用模具壓製塑型，或是切成四方形（E），用叉子扎出氣孔。剩餘的麵團分別擀壓成相同大小，重疊後捲成棒狀，再進一步切片。排放在烤盤上面，用160度的烤箱烤20分鐘，放在鐵網上冷卻。

A

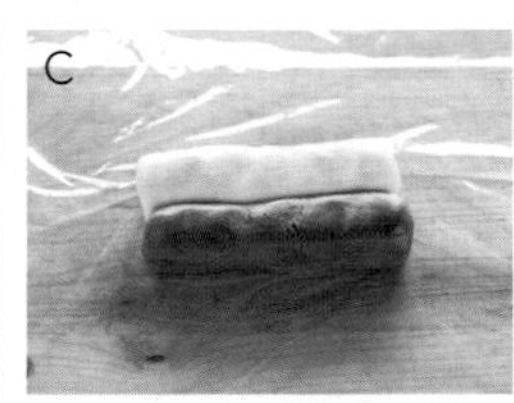
C

B

D

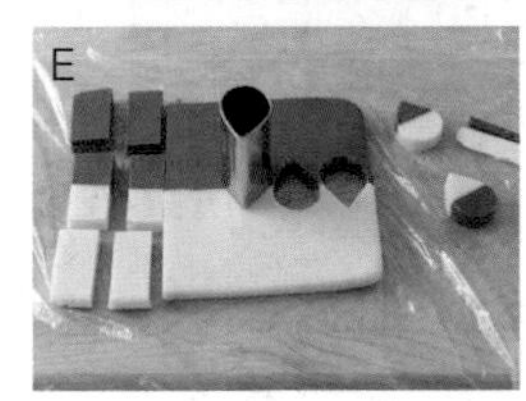
E

鬆軟的甜甜圈。添加豆漿，製作出清爽口感。

# 豆漿甜甜圈

材料（12個）

豆漿（成分無調整）…… 100㎖
砂糖 …… 20g
鹽巴 …… 1/4小匙
乾酵母 …… 1/2小匙
沙拉油（米糠油尤佳）…… 1大匙
低筋麵粉 …… 160g
手粉（高筋麵粉尤佳）…… 適量
炸油 …… 適量
蔗糖 …… 適量

準備

・將烘焙紙剪裁成8㎝的方形，共12片。

1 把豆漿、砂糖、鹽巴、乾酵母、沙拉油放進調理盆，用打蛋器拌勻。

2 篩入一半份量的低筋麵粉，用打蛋器拌勻至柔滑程度。

3 篩入剩餘的低筋麵粉，用橡膠刮刀拌勻，直到粉末全部消失（A）。

4 蓋上保鮮膜，放進冷藏室靜置6小時（或在室溫下放置1～2小時），直到份量膨脹成2倍（一次發酵）（B）。

5 撒上手粉，把麵團放在揉麵墊上，分切成12等分。用撒上手粉的手搓成圓形（C），蓋上保鮮膜，放置5分鐘左右。

6 把拇指插進圓形麵團的正中央，挖出圓孔，塑型成圓環狀（D），放在烘焙紙上面。蓋上保鮮膜，在室溫下放置15分鐘（二次發酵）。

7 把炸油加熱至170～180度，將麵團連同烘焙紙一起放進油鍋裡（E）。烘焙紙脫離後，就用筷子夾起來，單面呈焦黃色後，翻面（F），炸至呈現焦黃色後，起鍋放在鐵網上。

8 起鍋後，撒上蔗糖。

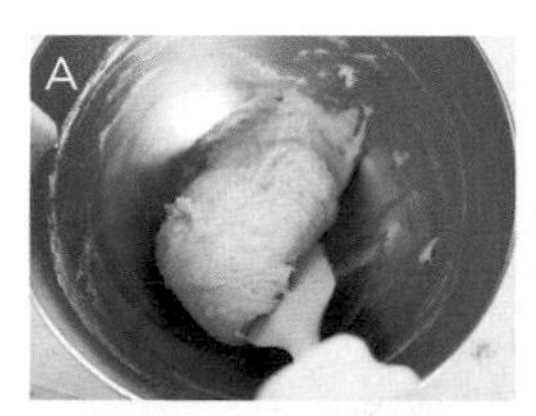
A

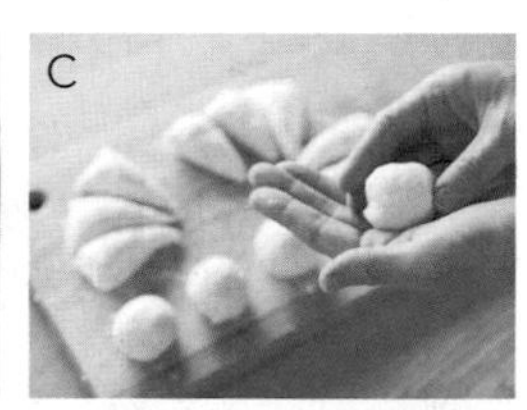
C

B

D

E

F

濕潤的蛋糕甜甜圈。光是撒上砂糖也非常美味。

# 豆腐甜甜圈

材料（約20個）

嫩豆腐……$\frac{1}{3}$塊（100g）
砂糖……30g
蛋液……$\frac{1}{2}$顆
沙拉油（米糠油尤佳）……20mℓ
低筋麵粉……150g
泡打粉……1小匙
手粉（高筋麵粉尤佳）……適量
炸油……適量
砂糖……適量
鮮奶油……100mℓ
喜歡的果醬……適量

1 把豆腐放進調理盆，用打蛋器搗碎，加入砂糖、蛋液、沙拉油，充分拌勻（A）。

2 低筋麵粉和泡打粉一起過篩，放進調理盆，用橡膠刮刀拌勻（B）。

3 整體拌勻後，彙整成團，撒上手粉，把麵團放在揉麵墊上，用擀麵棍將厚度擀壓成1.5㎝，用直徑3㎝的圓形圈模壓模塑型（C）。剩下的麵團用手搓成一口大小。

4 炸油加熱至160～170度，輕輕放入步驟3的麵團，炸至焦黃色，起鍋後放在鐵網上。

5 熱度消退後，撒上砂糖，再將上方切開，夾上打發的鮮奶油和果醬。

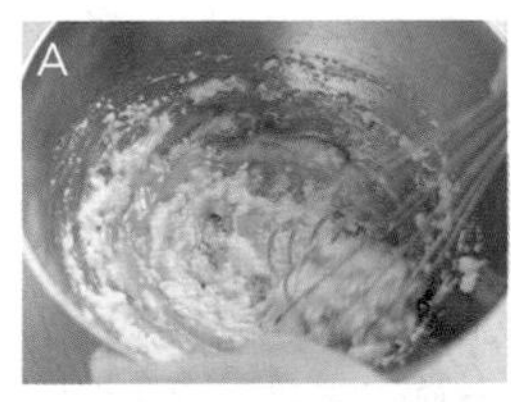
A

B

C

冷熱都好吃。

# 甜薯

材料（直徑7㎝的小圓盅4個）

番薯 …… 淨重250g（2條）
牛乳 …… 適量
水 …… 適量
砂糖（蔗糖尤佳）…… 40g
奶油（無鹽）…… 10g
蛋黃 …… 1顆
鮮奶油 …… 50㎖

準備

- 烤箱預熱至180度。
- 蛋黃打散，一半份量用另一個調理盆裝起來。剩餘的份量加入一點水（份量外）拌勻。

1 番薯去除外皮，切成厚度1㎝的片狀。放進鍋裡，加入幾乎同等份量的牛乳和水，直到淹過番薯。用略小的中火加熱，烹煮10～20分鐘，直到番薯變得軟爛後，起鍋，用濾網瀝掉水分。

2 裝進調理盆，用搗杵搗碎（A）。

3 加入砂糖和奶油，用橡膠刮刀拌勻。加入一半份量的蛋黃和鮮奶油，進一步拌勻。

4 裝進小圓盅裡面，把表面抹平，用刷毛把蛋黃和水混合的液體抹在上面。用叉子製作出花紋（B），放進180度的烤箱烤20分鐘。

＊烹煮番薯時，只要添加牛乳，番薯的顏色就會更漂亮，口感更濕潤。

A

B

鬆軟的口感和隱約的甜味，全都來自於番薯。

# 番薯司康

材料（直徑4cm，16個）

- 番薯……淨重150g（1條）
- 牛乳……適量
- 水……適量
- 砂糖（蔗糖尤佳）……40g
- 鹽巴……1撮
- 牛乳……35mℓ
- 雞蛋……1顆
- 低筋麵粉……200g
- 泡打粉……2小匙
- 奶油（無鹽）……40g
- 手粉（高筋麵粉尤佳）……適量

準備

- 雞蛋打散成蛋液後，取40g用另一個調理盆裝起來。剩餘的份量進一步打散，加入1/2小匙的水（份量外）拌勻。
- 奶油切成小塊。
- 烤盤鋪上烘焙紙。
- 烤箱預熱至210度。

1　番薯參考p.95的步驟**1**～**2**進行處理，烹煮後用濾網瀝乾，放進調理盆，用搗杵搗碎。

2　加入砂糖、鹽巴和牛乳，用橡膠刮刀拌勻，加入40g的蛋液拌勻（A）。

3　低筋麵粉和泡打粉一起過篩後，放進另一個調理盆，加入奶油，用手指掐碎，直到呈現鬆散狀態。倒入步驟**2**的材料（B），用橡膠刮刀拌勻（C）。

4　整體拌勻後，彙整成團，撒上手粉，把麵團放在揉麵墊上，用擀麵棍將厚度擀壓成2cm。折成對半，再次擀壓成比2cm略厚的厚度（D）。

5　用直徑4cm的圓形圈模壓模成形，剩餘部分用手搓成圓形，排放在烤盤上。用刷毛把蛋液和水混合的液體抹在上面（E），放進210度的烤箱烤12分鐘。出爐後，隨附上奶油（份量外）。

A

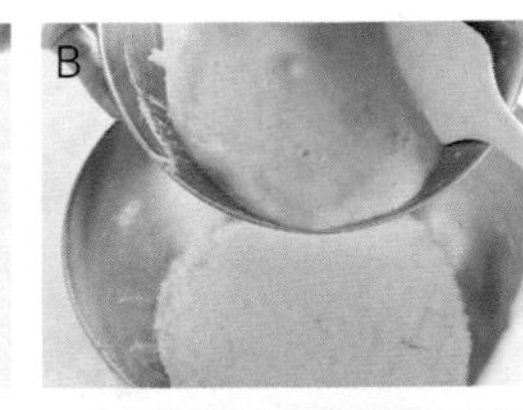
B

C

D

E

番薯口感十分新奇，味道濃醇的焦糖。

# 番薯焦糖

材料（11×15cm的模具1個）

番薯……淨重100g（1小條）
砂糖（精白砂糖尤佳）……100g
蜂蜜……50g
水……2大匙
奶油（無鹽）……20g
鮮奶油……200mℓ
鹽巴……1撮

準備

- 番薯去除外皮，蒸至軟爛程度後，用濾網過篩。
- 模具鋪上烘焙紙。

1 把砂糖、蜂蜜、水放進調理盆，開小火加熱融解。加入奶油、一半份量的鮮奶油，蓋上鍋蓋，用小火煮10分鐘。

2 加入剩餘的鮮奶油、番薯、鹽巴（A），用打蛋器拌勻。蓋上鍋蓋，用小火煮10分鐘，呈現濃稠感後，拿掉鍋蓋。偶爾用木鏟（或耐熱的橡膠刮刀）攪拌，呈現茶褐色，產生黏性後（B），關火。

3 等待氣泡消退後，倒進模具裡面，熱度消退後，蓋上保鮮膜，放進冷藏室。充分冷卻後，切成1.5cm的丁塊狀（C）。

＊可以冷藏保存1星期。

A

B

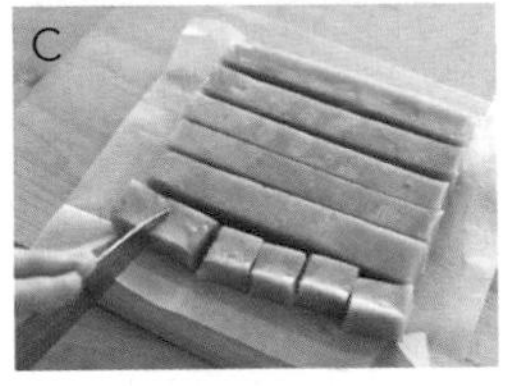
C

南瓜布丁　清爽的布丁，搭配發泡鮮奶油享用也非常適合。

# 南瓜布丁

材料（7×14×深度6㎝的耐熱容器1個）

南瓜 …… 約1/4顆

〔焦糖醬〕

- 砂糖 …… 40g
- 熱水 …… 3小匙

牛乳 …… 220㎖

雞蛋 …… 2顆

砂糖 …… 30g

鮮奶油 …… 適量

準備

- 在耐熱容器內薄塗上一層奶油（份量外）。
- 在中途將烤箱預熱至150度。
- 把隔水加熱用的熱水煮沸。

1 製作南瓜醬。南瓜去除種籽和瓜囊，切成略大的塊狀。用蒸籠蒸煮20分鐘左右，南瓜變軟爛後，去除瓜皮，用濾網過篩（A、B）。取120g的份量，放進鍋裡備用（C）。

2 製作焦糖醬。把40g砂糖和1小匙熱水放進鍋裡，蓋上鍋蓋，開中火加熱（D）。砂糖融解，開始產生焦色後，拿掉鍋蓋，偶爾晃動一下鍋子，待整體呈現茶褐色之後，關火，加入2小匙熱水拌勻（E）。倒進耐熱容器裡面。

3 把牛乳逐次倒入放南瓜的鍋子，用打蛋器拌勻。開中火加熱，加熱至還不到沸騰的程度。

4 把雞蛋倒進調理盆，用打蛋器拌勻，加入砂糖拌勻。逐次加入步驟**3**的材料，每次加入都要充分拌勻，再加入下一次（F），用多用途濾網過濾（G）。

5 倒進步驟**2**的耐熱容器裡面（H），去除上面的氣泡。放在鋪有烘焙紙的烤盤上面，在周圍倒入深度2㎝左右的熱水（I），用150度的烤箱，隔水烘烤40～50分鐘。用手指碰觸時，可以稍微感受到彈力，就算完成。

6 出爐後，直接在烤箱內放置5分鐘，利用餘熱，使整體熟透後，取出。熱度消退後，蓋上保鮮膜，放進冷藏室冷藏2小時。

7 從容器內取出後，分切裝盤。隨附上打發的鮮奶油。

A
B
C
D
E
F
G
H
I

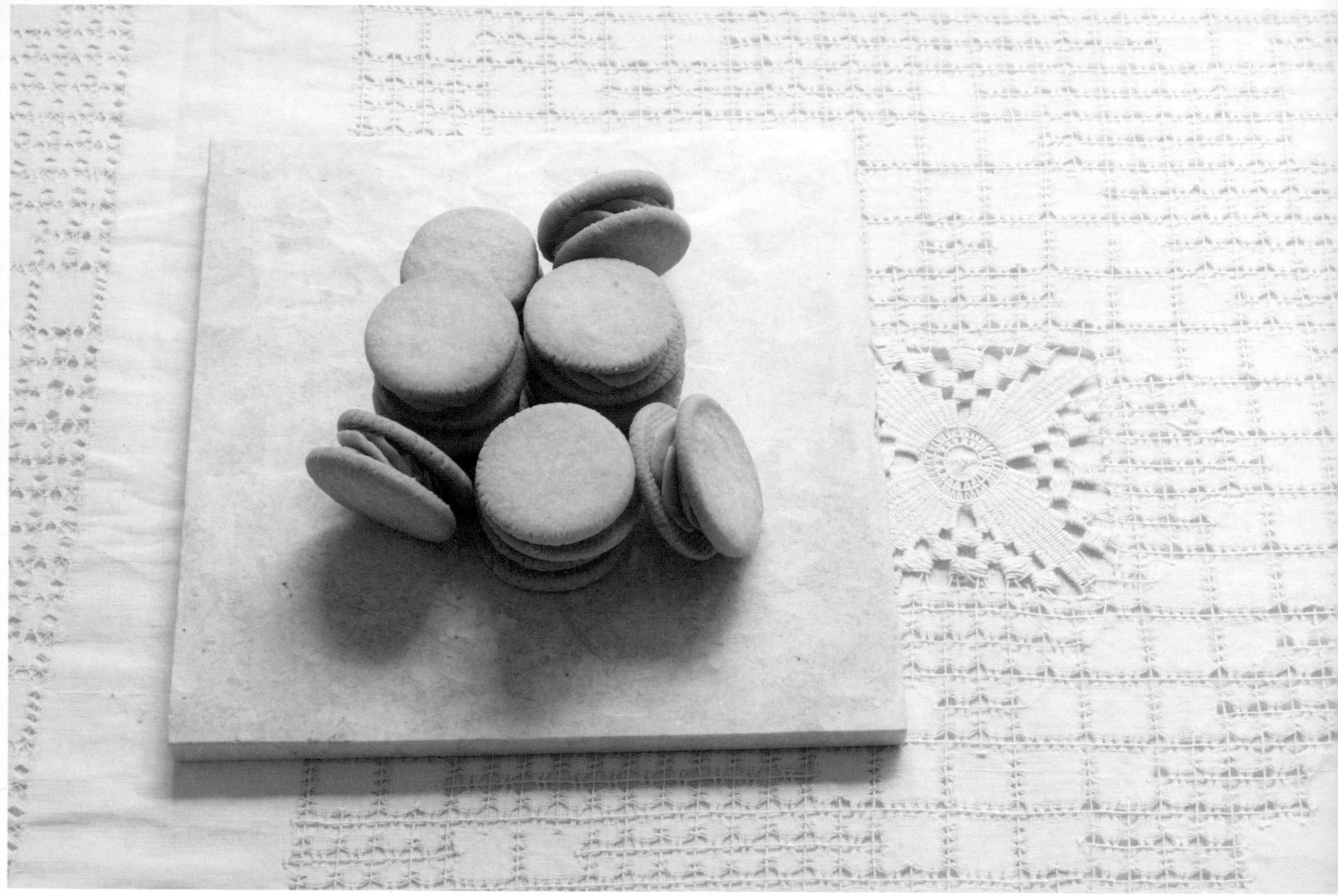

焦糖風味的奶油夾心，牛奶糖的風味在嘴裡擴散。

# 焦糖夾心餅

材料（直徑4.5cm12個）

〔餅乾〕

奶油（無鹽）…… 60g
蔗糖（或糖粉、和三盆糖）…… 20g
鹽巴 …… 1撮
蛋黃 …… 1顆
低筋麵粉 …… 100g

手粉（高筋麵粉尤佳）…… 適量

〔焦糖奶油〕…… 40g

砂糖 …… 80g
水 …… 2小匙
鮮奶油 …… 100mℓ

＊焦糖奶油為容易製作的份量。

奶油（無鹽）…… 60g

準備

- 奶油和蛋黃恢復至室溫。
- 烤盤鋪上烘焙紙。
- 在中途將烤箱預熱至170度。
- 把星形花嘴裝在擠花袋上面，放進杯子等容器裡面，將上方掀開（參考p.165）。

1 製作餅乾麵團。把奶油放進調理盆，用橡膠刮刀攪拌，加入蔗糖和鹽巴拌勻。

2 加入蛋黃拌勻，篩入低筋麵粉拌勻，整體攪拌均勻後，彙整成團。撒上手粉，把麵團放在揉麵墊上，用手掌的根部搓揉（A）。

3 用保鮮膜包起來，放進冷藏室靜置1小時。

4 一邊撒上手粉，再次搓揉，分切成24等分後，用手搓圓。保持間隔，排列在烤盤上，蓋上保鮮膜，用杯子或鋁杯底部（直徑4.5cm）按壓（B），使大小和厚度一致。蓋上保鮮膜，放進冷藏室靜置1小時。

5 用170度的烤箱烤18分鐘，放在鐵網上冷卻。

6 製作焦糖奶油。把砂糖和水放進鍋裡，蓋上鍋蓋，開小火加熱。砂糖融解，開始變色後，拿掉鍋蓋，偶爾晃動一下鍋子。整體呈現茶褐色後，關火，逐次加入少許的鮮奶油，用木鏟拌勻（C）。確實放冷。

7 把奶油放進調理盆，用打蛋器把奶油攪拌成乳霜狀，取40g的焦糖奶油混入拌勻。

8 把焦糖奶油裝進擠花袋裡面，擠在餅乾上面（D），再夾上另一片餅乾。放進冷藏室冷藏，讓夾心餅成型。

＊剩餘的焦糖奶油可冷藏保存2個星期。可用來抹麵包、淋在冰淇淋或磅蛋糕上面，也非常好吃。

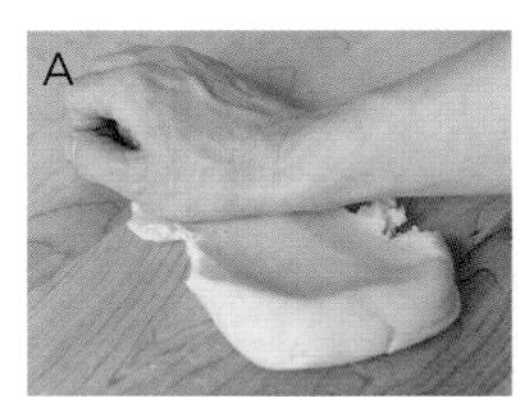
A

B

C

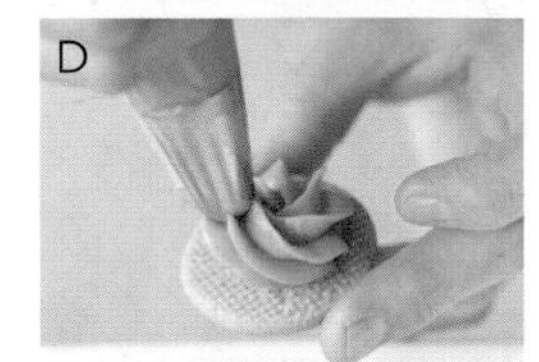
D

重點在於提味用的鹹味。用各式各樣的起士試做看看。

# 起司塔

材料（直徑16㎝的塔模具1個）

塔皮 …… 份量和p. 105的餅乾相同

手粉（高筋麵粉尤佳）…… 適量

〔內餡〕

- 奶油起司 …… 100g
- 奶油（無鹽）…… 10g
- 砂糖 …… 20g
- 低筋麵粉 …… 1小匙
- 蛋液 …… 1/2顆
- 起司（埃德姆起司或切達起司等）…… 20g
- 鮮奶油 …… 40㎖

準備

- 奶油起司、奶油恢復至室溫。
- 起司磨碎備用。
- 模具薄塗上一層奶油（份量外）。
- 在中途將烤箱預熱至170度。

1 製作塔皮。做法和p. 105的步驟**1～3**相同，但要將麵團分成160g和40g，然後各自用保鮮膜包起來（A），放進冷藏室靜置1小時。

2 160g的麵團撒上手粉，再次搓揉，放在保鮮膜上面，用擀麵棍擀壓成3㎜厚度。為避免空氣跑進去，入模之後，切除多餘的部分，再用叉子扎出數個氣孔（B）。蓋上保鮮膜，放進冷藏室靜置1小時。

3 把廚房紙巾鋪在步驟**2**的塔皮上面，放上重石（C），用170度的烤箱烤15分鐘。拿掉廚房紙巾和重石，進一步烤5分鐘。

4 製作內餡。把奶油起司和奶油放進調理盆，用橡膠刮刀攪拌，加入砂糖，用打蛋器充分攪拌。

5 篩入低筋麵粉，依序加入蛋液、起司、鮮奶油，每加入一次材料都要充分拌勻，然後再加入下一個材料。

6 將內餡倒進步驟**3**的塔皮內（D），用170度的烤箱烤25分鐘，脫模後，放在鐵網上冷卻。

＊剩餘的40g麵團可以用來製作成餅乾。若是利用直徑20㎝的塔模進行製作，就須使用全部（200g）的麵團，內餡的份量要加倍，步驟6的部分要烤30分鐘。

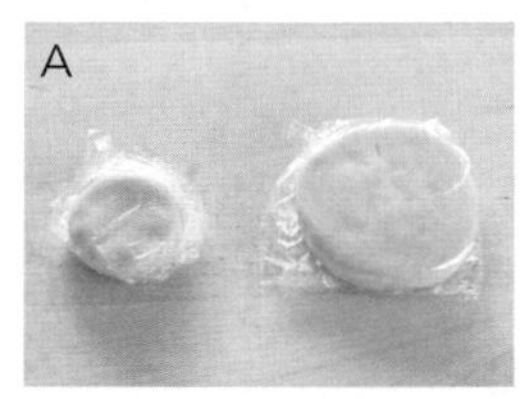
A

B

C

D

利用雞蛋內餡柔和包覆紅玉蘋果的酸甜滋味。

# 紅玉蘋果塔

材料（直徑16㎝的塔模具1個）

塔皮 …… 份量和p. 105的餅乾相同
手粉（高筋麵粉尤佳）…… 適量
〔內餡〕
低筋麵粉 …… 1小匙
砂糖 …… 15g
香草豆莢 …… 2㎝
鮮奶油 …… 50㎖
蛋液 …… ½顆
蘋果（品種：紅玉）…… 1顆

準備

- 香草豆莢切開豆莢，取出種籽。
- 在中途將烤箱預熱至170度。

1 參考p. 107的步驟**1〜3**，製作塔皮。
2 製作內餡。低筋麵粉和砂糖一起過篩，放進調理盆，加入香草豆莢的種籽，用打蛋器拌勻。
3 逐次加入鮮奶油，用打蛋器充分拌勻，避免結塊，加入蛋液拌勻（A）。
4 蘋果削掉外皮，去除果核，切成2㎜厚的薄片（B）。
5 把蘋果排在塔皮上面，倒入步驟**3**的材料（C）。
6 用170度的烤箱烤25分鐘，脫模後，放在鐵網上冷卻。

＊若是利用直徑20㎝的塔模進行製作，份量請參考p. 107的右下（＊欄）。

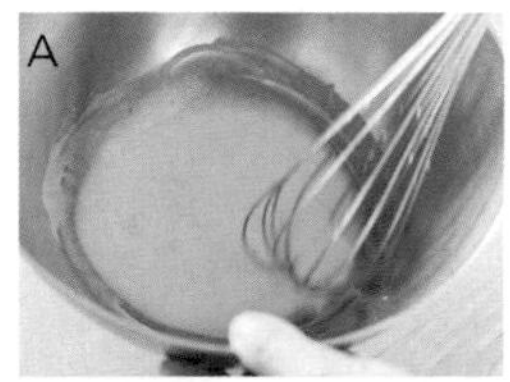
A

B

C

可以加進優格裡面，也可以收乾湯汁，切成小塊品嚐。

# 紅玉蘋果果凍

材料（容易製作的份量）

蘋果（品種：紅玉）…… 約500g（2～3顆）
水 …… 約800㎖
砂糖 …… 約400g（蘋果重量的八成）
檸檬汁 …… 1大匙

準備

・蘋果清洗乾淨，直接在帶皮、帶果核的狀態下，切成8等分的梳形切，然後再進一步切成3等分。

1 把蘋果和水放進鍋裡，放上落蓋，用小火煮1小時左右（A）。

2 把鋪有廚房紙巾或布的濾網放在調理盆上面，過濾步驟**1**的蘋果（B）。不需要壓榨，等待汁液自然滴落。

3 把囤積在調理盆內的汁液倒進鍋裡，加入砂糖和檸檬汁，用小火煮30分鐘，直到產生濃稠感。裝進乾淨的保存容器內（C），待熱度消退後，放進冷藏室冷藏凝固。

＊凝固的硬度會因熬煮程度和蘋果的果膠量而有不同。
＊可冷藏保存6個月左右。

A

B

C

## 紅玉蘋果醬的製作方法

用濾網過濾步驟**2**剩餘的蘋果，去除果皮、果核、種籽（D）。蘋果果肉秤重後，放進鍋裡，加入果肉重量2成的砂糖和1小匙的檸檬汁，用偏小的中火熬煮5分鐘左右（E）。

＊唯有在製作蘋果果凍後才能享用的蘋果醬。裝進乾淨的保存罐或保存容器裡面，可冷藏保存2星期左右。

D

E

清脆、香酥，搭配咖啡一起享用吧！

# 杏仁蛋白霜

材料（直徑4cm，24個）

蛋白 …… 60g（約1.5顆）
蔗糖a …… 55g
蔗糖b …… 45g
杏仁粉 …… 20g
鮮奶油 …… 適量

準備

・烤盤鋪上烘焙紙。
・烤箱預熱至130度。

1 把蛋白和少許的蔗糖a放進調理盆，用高速的手持攪拌機打發。呈現蓬鬆狀態後，分3次加入蔗糖a，一邊打發，製作出呈現勾角且帶有光澤的蛋白霜（A）。

2 蔗糖b和杏仁粉一起過篩，放進調理盆，用橡膠刮刀拌勻（B）。

3 用湯匙撈取材料，放到烤盤上面，大約分24等分（C）。

4 用130度的烤箱烤1小時，放在鐵網上冷卻。裝盤後，隨附上打發的鮮奶油。

＊蛋白霜容易沾染濕氣，所以冷卻後要放進保存容器保存。

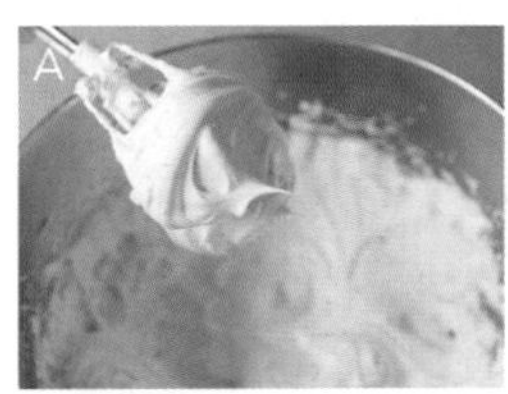
A

B

C

用湯匙裝盤的蒙布朗。也可以把栗子醬塞進栗子殼裡面。

# 蒙布朗點心

材料（8個）

〔栗子醬〕

栗子 …… 400g（帶皮）

砂糖 …… 60g

熱水 …… 2大匙

杏仁蛋白霜（參考p. 113）…… 8個

鮮奶油 …… 100㎖

1 製作栗子醬。把栗子和大量的水放進較大的鍋子裡面，開中火加熱。煮沸後，改用偏小的中火，煮40分鐘～1小時，用濾網撈起來。

2 用菜刀把栗子切成對半，用湯匙挖出栗子肉（A），放進調理盆，取300g，用搗杵或叉子壓碎。加入砂糖和熱水，用橡膠刮刀拌勻（B）。

3 鮮奶油打至六分發泡（參考p. 164）。

4 在盤子上面放上1個杏仁蛋白霜，再放上適量的栗子醬（C），用湯匙把步驟**3**的鮮奶油放在最上方。把蛋白霜（份量外）磨成細粉，撒在上面。

＊剩餘的栗子醬除了可用來製作栗子百匯（參考p. 117）之外，也可以用保鮮膜緊密包裹，製作成茶巾造型，或者和打發的鮮奶油一起製作成瑞士捲的內餡，同樣都非常美味。

＊可冷藏保存3～4天。

A

B

C

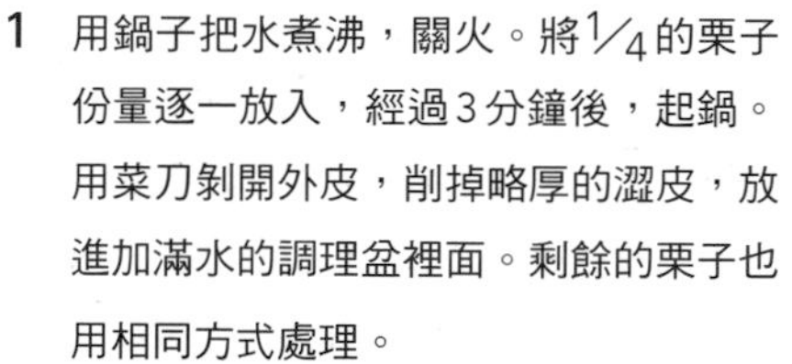

# 糖煮栗子

材料（容易製作的份量）

栗子 …… 400g（帶皮）
牛乳 …… 100mℓ
水 …… 400mℓ
砂糖 …… 160～200g
蘭姆酒 …… 1大匙

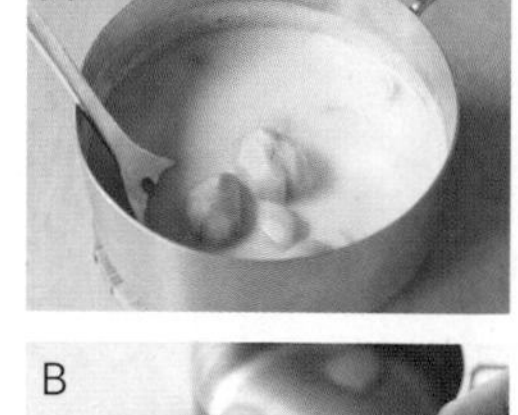


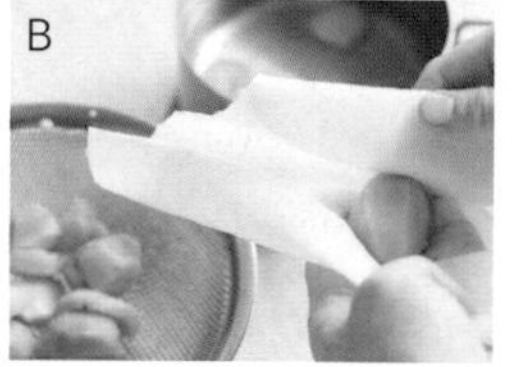


1 用鍋子把水煮沸，關火。將1/4的栗子份量逐一放入，經過3分鐘後，起鍋。用菜刀剝開外皮，削掉略厚的澀皮，放進加滿水的調理盆裡面。剩餘的栗子也用相同方式處理。

2 放進鍋裡，加入幾乎淹過栗子的水（份量外）和牛乳，開小火加熱。沸騰後，加上落蓋，煮5～10分鐘（A）。

3 把水和砂糖放進另一個鍋子，開中火加熱，沸騰後，關火，倒入蘭姆酒。

4 用濾網撈起步驟**2**的栗子，快速清洗後，用廚房紙巾擦乾水分（B），放進步驟**3**的鍋子裡。加上落蓋，用小火煮5分鐘，直接讓栗子浸泡在湯汁裡面，放涼。

＊連同湯汁一起裝進乾淨的保存罐或保存容器，可冷藏保存1星期左右。只要趁煮沸消毒的保存罐還很熱的時候，進行裝瓶、排氣（參考p.17），就可以冷藏保存3個月。

年年期待的栗子甜點之一。風味絕佳。

# 栗子百匯

材料（4人份）

栗子醬（參考p.115）⋯⋯ 200g
香草冰淇淋（市售）⋯⋯ 400mℓ
糖煮栗子（參考p.116）⋯⋯ 4大匙

準備

・把蒙布朗花嘴裝在擠花袋上面，放進杯子等容器裡面，將上方掀開（參考p.165）。

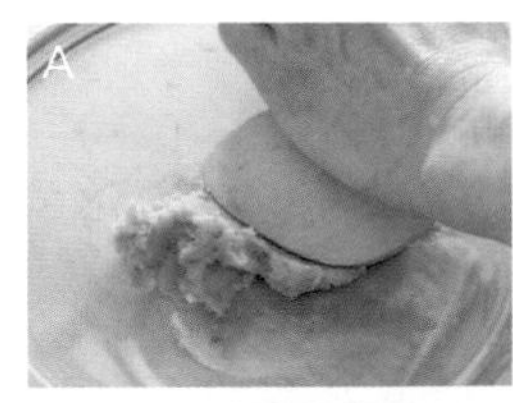
A

B

C

1 栗子醬用濾網過篩（A、B），裝進擠花袋。

2 把香草冰淇淋裝進玻璃杯，擠上大量的栗子醬（C），再依個人喜好，放上打發的鮮奶油，隨附上切成小塊的糖煮栗子。

＊糖煮栗子也可以搗碎後使用。

如果還有剩餘材料，就可以試做看看。專為栗子控設計的百匯。

甜度剛剛好的巧克力磅蛋糕。只要將堅果撒在表面，就不需要空烤（盲烤）。

# 巧克力磅蛋糕

材料（18×8×6㎝的磅蛋糕模具1個）

奶油（無鹽）…… 100g

砂糖（蔗糖尤佳）…… 70g

雞蛋 …… 2顆

低筋麵粉 …… 90g

可可粉 …… 10g

肉桂粉 …… ½小匙

杏仁粉 …… 20g

泡打粉 …… 1小匙

原味優格 …… 1大匙

半甜巧克力（烘焙用）…… 90g

＊使用顆粒片狀的種類。若使用板巧克力就要預先切碎。

個人喜歡的堅果（開心果、榛果等）

…… 20g

準備

- 奶油和雞蛋恢復至室溫。
- 在模具裡面鋪上高度比模具略高的烘焙紙（參考p.165）。
- 堅果切成對半。
- 烤箱預熱至170度。

1 把奶油放進調理盆，用打蛋器攪拌至柔軟乳霜狀，加入砂糖。

2 持續攪拌，直到充滿空氣，呈現泛白狀態（A），蛋液分3～4次倒入，每次倒入都要充分拌勻後再倒入下一次。

3 低筋麵粉、可可粉、肉桂粉、杏仁粉、泡打粉一起過篩，放進調理盆（B），用橡膠刮刀攪拌至柔滑程度。加入優格拌勻。

4 把60g的巧克力放進另一個調理盆，以隔水加熱的方式（或是用300W的微波爐加熱2分鐘）使巧克力融化。用橡膠刮刀把少量的步驟**3**材料撈進巧克力漿裡面（C），將材料拌勻後，倒進步驟**3**的調理盆裡面拌勻。

5 將一半份量倒進模具裡面，用湯匙的背部，將表面抹平。將剩餘的巧克力排放在上方（D）。

6 倒入剩餘的麵糊，將表面抹平，撒上堅果（E）。用170度的烤箱烤40分鐘。

7 脫模後，放在鐵網上冷卻，熱度消退後，撕掉烘焙紙，冷卻後分切成小塊。

享受用奶油和砂糖香煎，帶有焦糖風味的滑嫩洋梨。

# 洋梨焦糖布丁

材料（4人份）

- 砂糖 …… 30g
- 低筋麵粉 …… 1大匙
- 牛乳 …… 90㎖
- 雞蛋 …… 1顆
- 蛋黃 …… 1顆
- 鮮奶油 …… 90㎖
- 洋梨 …… 2顆
- 奶油（無鹽）…… 10g
- 砂糖 …… 2大匙

準備

・烤箱預熱至180度。

1 砂糖和低筋麵粉一起過篩，放進調理盆，分次加入少量的牛乳，用打蛋器拌勻（A）。加入打散的蛋液和蛋黃拌勻，加入鮮奶油拌勻。

2 洋梨削掉外皮，切成8等分，去除果核。把奶油放進平底鍋，開中火加熱融解後，放入洋梨和砂糖，用大火翻炒（B）。洋梨產生輕微的焦黃色後，關火。

3 把步驟**2**的洋梨放進耐熱容器，倒入步驟**1**的材料（C）。用180度的烤箱烤25分鐘。

＊剛出爐的時候很美味，冷藏後也同樣好吃。
＊也可以像起司塔（p.107）那樣，倒進盲烤後的塔皮裡面，再進行烘烤。

A

B

C

# 糖漬洋梨

材料（容易製作的份量）

洋梨 …… 2顆

檸檬片（日本國產品種）…… 2片

砂糖 …… 30g

1 洋梨削皮後，切成4等分，去除果核（A）。放進耐熱盆，放上檸檬，撒上砂糖（B）。輕輕蓋上保鮮膜，用微波爐加熱3分鐘。

2 取出耐熱盆，用橡膠刮刀攪拌。再次蓋上保鮮膜，用微波爐加熱2分鐘。

3 重新蓋好保鮮膜，避免接觸到空氣，熱度消退後，放進冷藏室冷藏。

# 無花果雪寶

材料（容易製作的份量）

無花果 …… 淨重300g

砂糖 …… 60g

水 …… 100mℓ

檸檬汁 …… 2小匙

準備

・無花果削掉外皮，切成一口大小（A），裝進保存用塑膠袋，冷凍備用。

1　把砂糖和水放進鍋子，開中火加熱，沸騰後，將火侯調小。熬煮5分鐘後，將鍋子從火爐上移開，放冷。

2　把冷凍的無花果、步驟**1**的糖水、檸檬汁，放進食物調理機或果汁機裡面（B），攪拌成泥狀。用湯匙或冰淇淋挖勺裝盤。

重現在南法吃過，難以忘懷的無花果義式冰淇淋。

# 冬天的甜點

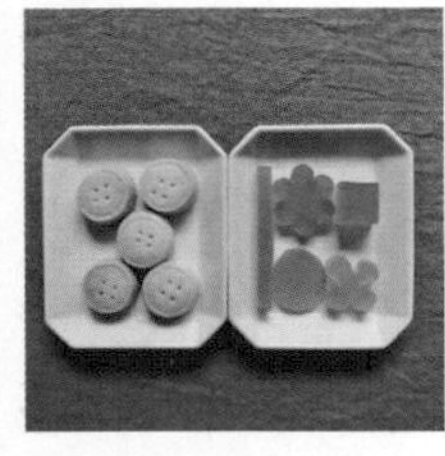

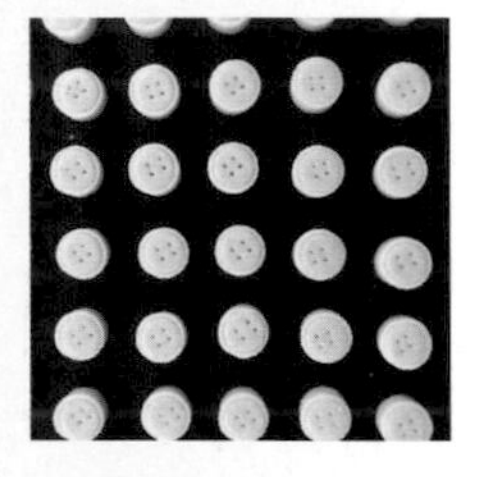

SOUS LE SOLEIL
noël
SOUS LE SOLEIL

想吃，隨時都能動手做。十分簡單的鬆餅

# 鬆餅

材料（直徑10cm，6片）

雞蛋 …… 1顆
砂糖 …… 30g
鹽巴 …… 1撮
原味優格 …… 50g
水 …… 50mℓ
沙拉油（米糠油尤佳）…… 35mℓ
低筋麵粉 …… 100g
泡打粉 …… 1小匙
奶油（無鹽）…… 適量
楓糖漿 …… 適量

1 把雞蛋、砂糖、鹽巴、優格、水放進調理盆，用打蛋器拌勻。
2 加入沙拉油拌勻（A）。
3 低筋麵粉和泡打粉一起過篩，放進調理盆拌勻（B）。
4 平底鍋（氟素樹脂加工或略厚的鐵製平底鍋）用中火加熱，放入少許奶油（份量外），用廚房紙巾抹開。用湯勺倒入步驟**3**的麵糊，蓋上鍋蓋，悶煎5分鐘。
5 表面開始冒出小氣泡後（C），翻面（D），蓋上鍋蓋，用小火進一步悶煎3分鐘。
6 裝盤，隨附上奶油和楓糖漿。

A

B

C

D

香酥口感大受好評，詢問度極高的食譜。

# 核桃芝麻餅

材料（20片）

黑砂糖 …… 30g

鹽巴 …… 1撮

水 …… 2大匙

沙拉油（米糠油尤佳）…… 50mℓ

低筋麵粉 …… 110g

泡打粉 …… 1/2小匙

核桃 …… 1/2杯

黑芝麻 …… 2大匙

準備

- 核桃切成細碎。
- 烤盤鋪上烘焙紙。
- 烤箱預熱至160度。

1 把黑砂糖、鹽巴、水放進調理盆，用打蛋器拌勻，加入沙拉油，進一步拌勻。

2 低筋麵粉和泡打粉一起過篩，放進調理盆，用橡膠刮刀拌勻。加入核桃和黑芝麻拌勻（A）。

3 分成20等分，用手掌壓成扁平的圓形（B）。排放在烤盤上，用160度的烤箱烤25分鐘，放在鐵網上冷卻。

A

B

**蘋果派**　溫熱的蘋果派，配上爽口冰淇淋。

# 蘋果派

材料（直徑約18㎝，1個）

〔派皮〕

- 低筋麵粉 …… 60g
- 高筋麵粉 …… 60g
- 奶油（無鹽）…… 75g
- 水 …… 45㎖
- 鹽巴 …… 1/2小匙
- 手粉（高筋麵粉）…… 適量

〔內餡〕

- 蘋果（富士蘋果等）…… 2顆
- 蘋果汁（果汁含量100%的種類）…… 200㎖
- 檸檬汁 …… 1大匙

牛乳 …… 適量

準備

- 奶油切成小塊。
- 水加鹽拌勻後備用。
- 烤盤鋪上烘焙紙。
- 中途將烤箱預熱至200度。

1 製作派皮。低筋麵粉和高筋麵粉一起過篩，放進調理盆，加入奶油，用切麵刀切拌，直到整體呈現鬆散狀態為止（A、B）。

2 加入鹽水，用切麵刀一邊切劃混拌，拌勻後彙整成團（C）。

3 把保鮮膜平鋪在揉麵墊上，在步驟**2**的麵團撒上手粉，放在揉麵墊上，用擀麵棍將厚度擀壓成2㎜（D）。蓋上保鮮膜，放進冷藏室靜置1小時以上。

4 製作內餡。蘋果削掉外皮，切成8等分的梳形切，切除果核，進一步切成3等分。

5 把蘋果放進平底鍋（氟素樹脂加工），加入蘋果汁和檸檬汁（E）。開中火加熱，蓋上鍋蓋，煮開後，改用小火。蘋果呈現透明後，拿掉鍋蓋，讓水分揮發（F），果肉開始黏鍋後，關火，直接在鍋裡放涼。

6 把步驟**3**的塔皮放在烤盤上，用叉子扎出幾個氣孔，將步驟**5**的內餡排放在正中央（G），沿著邊緣折出皺褶，讓邊緣呈現挺立狀態（H）。

7 用刷毛把牛乳塗抹在派皮表面（I），用200度的烤箱烤40～50分鐘，然後將溫度調降至180～190度，進一步烤10分鐘。分切成小塊後，裝盤，依個人喜好，隨附上香草冰淇淋。

A
D
G
B
E
H
C
F
I

明明只是切好之後，再用烤箱烤一下，味道卻出人意外地美味。

# 烤蘋果

材料（3～4人份）

蘋果（富士蘋果）⋯⋯ 2顆
砂糖 ⋯⋯ 2大匙
檸檬汁 ⋯⋯ 1/2大匙
奶油（無鹽）⋯⋯ 10g
鮮奶油 ⋯⋯ 適量

準備

- 烤盤鋪上烘焙紙。
- 烤箱預熱至180度。

1 蘋果削除外皮，切成6等分的梳形切，切除果核。

2 放進調理盆，撒入砂糖、檸檬汁，靜置5分鐘。排列在烤盤上，將奶油撕碎，均勻撒在上方（A）。

3 放進180度的烤箱烤，中途將蘋果翻面（B），一邊改變方向，使整體呈現淡褐色，持續烤1小時左右，直到蘋果變得軟爛。

4 裝盤，隨附上打發的鮮奶油。

A

B

若是用富士蘋果製作，就算砂糖減量，味道仍舊十分濃郁。

# 反轉蘋果塔

材料（直徑8×深度5㎝的小圓盅3～4個）

派皮 …… 份量和p. 132相同

〔烤蘋果〕

蘋果（富士蘋果）…… 6顆

砂糖 …… 4大匙

檸檬汁 …… 1大匙

奶油（無鹽）…… 15g

鮮奶油 …… 適量

準備

・參考p. 132的步驟**1**～**3**，製作派皮，用擀麵棍將厚度擀壓成3㎜，靜置時間相同。

・參考p. 135的步驟**1**～**3**，製作烤蘋果。

・小圓盅抹上奶油（份量外），撒上精白砂糖（份量外）。

・烤盤鋪上烘焙紙。

・中途將烤箱預熱至200度。

1 把小圓盅顛倒放置，將派皮放在小圓盅底部，用較小的刀子，沿著圓盅邊緣切掉多餘的派皮。將派皮放在烤盤上，用叉子扎出氣孔，用200度的烤箱烤15～20分鐘。

2 在小圓盅裡面塞滿烤蘋果（A），用170度的烤箱烤45分鐘。中途，如果蘋果呈現膨脹狀態，就用鍋鏟等道具，把蘋果往下壓。

3 烤好之後，從烤箱內取出，修整一下表面，覆蓋上廚房紙巾，靜置3小時。

4 將熱水倒進平底鍋，用熱水溫熱小圓盅的底部，覆蓋上步驟**1**的派皮（B），再將小圓盅倒扣，用抹刀進行脫模後，裝盤。隨附上打發的鮮奶油。

A

B

# 柑橘醬

材料（容易製作的份量）

柑橘 …… 淨重300g
砂糖 …… 90g
檸檬汁 …… 1大匙

準備

- 把保存罐充分清洗乾淨，不用預熱，用160度的烤箱烘乾10分鐘。
- 保存罐的蓋子用鍋子煮沸消毒。

1 柑橘剝除外皮，連同薄皮一起切成塊狀（A）。

2 柑橘、砂糖、檸檬汁放進鍋裡，開小火煮10分鐘（B），柑橘變軟爛後，關火。

3 放進果汁機或食物調理機內攪拌成泥狀，放回鍋裡，用小火熬煮5分鐘。

4 趁熱裝進保存罐內，把蓋子鎖緊（戴手套），顛倒放置冷卻。

＊搭配海綿蛋糕或優格，就成了迷你百匯。
＊可冷藏保存1個月左右。

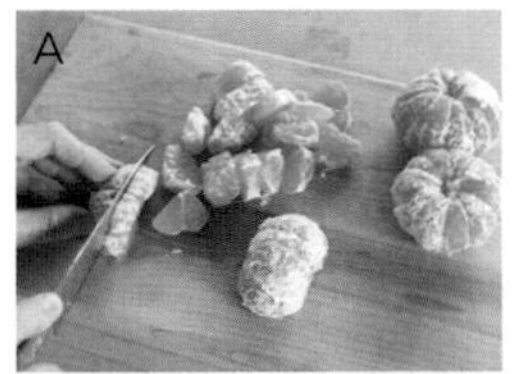
A

B

柑橘的柔和味道和美麗顏色，已成冬季的經典。

# 柚子皮

材料（1顆柚子的份量）

柚子皮 …… 1顆

水 …… 100㎖

砂糖 …… 40g

柚子汁 …… 1小匙

準備

・柚子清洗乾淨，切成對半，果肉榨出果汁。

1 把切成對半的柚子果皮，切成4等分的梳形切，用菜刀薄削掉白色的瓜囊部分（A），切成細絲（B）。

2 把步驟**1**的柚子皮放進小鍋，倒入淹過材料的水，開中火加熱煮沸。用濾網撈起，將柚子皮倒回鍋裡。

3 倒入水100㎖和砂糖，用小火煮10分鐘。

4 柚子皮產生透明感和光澤後，加入柚子汁。煮沸後，關火，等熱度消退後，放進冷藏室冷藏。

＊可冷藏保存2星期。

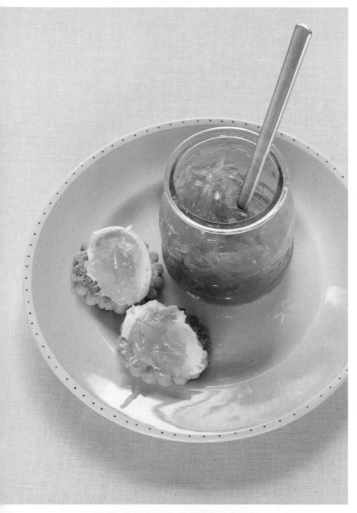


果皮切成細絲後熬煮。為甜點畫龍點睛。

使用柚子皮用盡後剩餘的果汁，製作出柔滑的冬季起司蛋糕。

# 柚子起司蛋糕

材料（5人份）

奶油起司 …… 150g
砂糖 …… 60g
明膠片 …… 3.5g
冷水 …… 適量
原味優格 …… 120g
柚子汁 …… 2大匙
鮮奶油 …… 100㎖
鮮奶油 …… 50㎖
蜂蜜 …… 5g
柚子皮（參考p.139）…… 適量

準備

- 起司奶油恢復成室溫。
- 明膠片用冷水浸泡，變軟後擰掉水分（參考p.165），放進小的調理盆。

1 把奶油起司和砂糖放進調理盆，用打蛋器攪拌至柔軟程度。

2 隔水加熱裝有明膠片的調理盆，使明膠片融解，加入少許的步驟**1**材料，拌勻（A）。

3 把步驟**2**的材料倒進步驟**1**的調理盆裡面，確實拌勻。

4 依序加入優格、柚子汁拌勻（B）。

5 讓調理盆的底部接觸冰水，用橡膠刮刀拌勻，製作出濃稠感（C）。

6 鮮奶油100㎖打至九分發泡（參考p.164），分2次倒進步驟**5**的調理盆內，用打蛋器拌勻（D）。

7 倒進容器裡面（E），蓋上保鮮膜，放進冷藏室冷藏2小時以上。

8 把鮮奶油50㎖和蜂蜜倒進調理盆，打至六分發泡（參考p.164）。放上步驟**7**的材料，裝飾上柚子皮。

＊如果沒有柚子皮，也可以隨附上薄削的柚子皮。

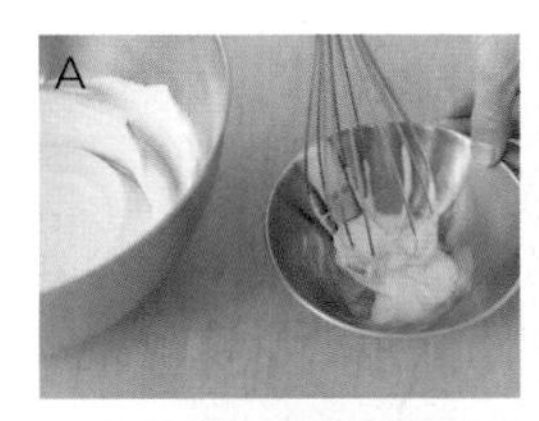
A

C

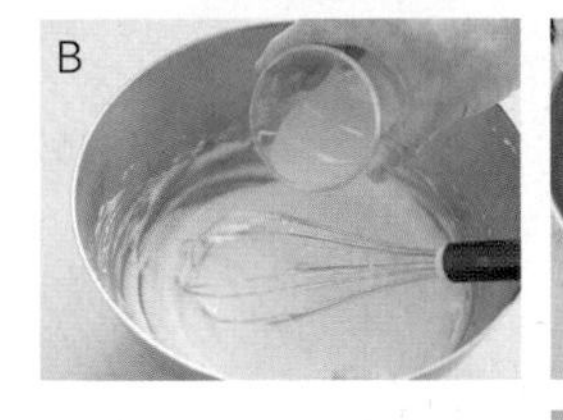
B

D

E

有著雞蛋色的鬆軟蛋糕。添加柚子，製成冬季風味。

# 柚子蒸蛋糕

材料（18×8×深6cm的磅蛋糕模具1個）

雞蛋 …… 1顆
砂糖 …… 50g
低筋麵粉 …… 60g
上新粉 …… 20g
泡打粉 …… 1小匙
沙拉油（米糠油尤佳）…… 50mℓ
原味優格 …… 40g
柚子皮 …… 1顆的份量
柚子汁 …… 2小匙

準備

- 在模具裡面鋪上高度比模具略高的烘焙紙（參考p.165）。把鋁箔緊密包覆在模具的底部和側面（A）。
- 柚子清洗乾淨，一半份量的果皮（僅表面的黃色部分）磨成泥，剩餘的果皮削成圓形，作為裝飾之用。果肉榨出果汁。
- 在較深的鍋裡倒進深度2cm的水，放進容器，製作出蒸台（E）。
- 用布把鍋蓋包起來。

1 把雞蛋和砂糖放進調理盆，用高速的手持攪拌機打發。呈現蓬鬆，份量增加後，改用低速確實打發，直到流下的蛋糊呈現緞帶狀為止（B）。

2 低筋麵粉、上新粉、泡打粉一起過篩，放進調理盆，加入沙拉油、優格、磨成泥的柚子皮和柚子汁，用橡膠刮刀拌勻（C）。

3 將麵糊倒進模具裡面（D），再將模具放進鍋裡（E）。放上裝飾用的柚子皮，鍋蓋稍微錯位放置，用較大的中火蒸15分鐘，然後改用小火，進一步蒸10分鐘。插入竹籤看看，如果竹籤上面沒有麵糊，就代表蒸熟了。

4 脫模後，放在鐵網上冷卻，熱度消退後，撕掉烘焙紙，放涼後，分切成小塊。

A

C

B

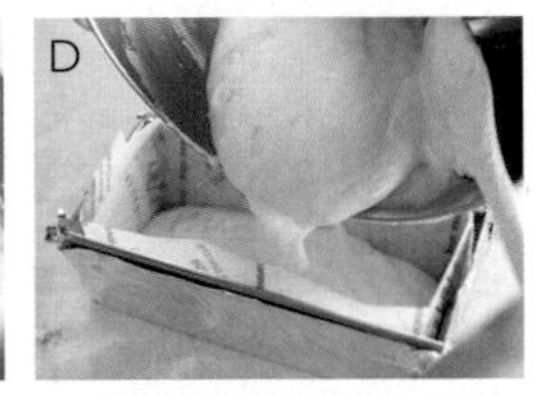
D

E

趁柑橘多汁且香甜的季節，將柑橘製成甜點吧！

# 柑橘瑞士捲

材料（25×29㎝的烤盤1個）

〔海綿蛋糕片〕

- 蛋黃 …… 3顆
- 砂糖 …… 80g
- 低筋麵粉 …… 50g
- 沙拉油（米糠油尤佳）…… 35㎖

柑橘醬（參考p.138）…… 60g
＊如果沒有，也可以省略。

柑橘 …… 4～5個

鮮奶油 …… 150㎖

蜂蜜 …… 10g

裝飾用的柑橘 …… 適量

準備

- 在烤盤鋪上2張烘焙紙（參考p.165）。
- 烤箱預熱至200度。

1 製作海綿蛋糕片。把蛋黃和砂糖倒進調理盆，用高速的手持攪拌機打發。蛋糊呈現撈起仍會殘留在攪拌桿的狀態時（A），改用低速打發，調整泡泡的細緻度。

2 低筋麵粉過篩，倒進調理盆，以從底部往上撈的方式，用打蛋器慢慢拌勻。

3 加入沙拉油，用橡膠刮刀拌勻。

4 把麵糊倒進烤盤（B），將表面抹平，如果有的話，就把另一片烤盤重疊在下方（參考p.64），用200度的烤箱烤12分鐘。

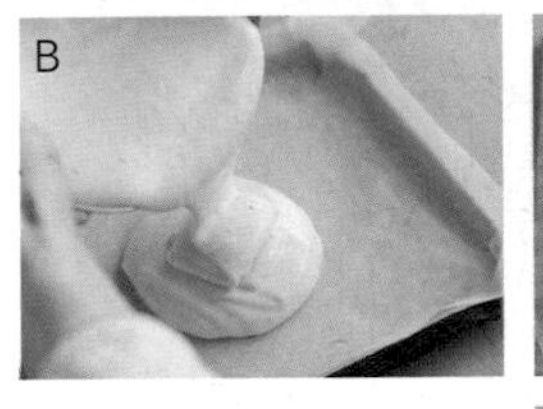

5 接下來的步驟與p.64的步驟**6～7**相同，冷卻後，以斜切的方式切除單邊的邊緣，並在表面劃出淺淺的刀痕。用湯匙抹上柑橘醬。

6 柑橘在帶皮狀態下切成厚度5㎜的片狀，剝除外皮（C）。

7 在鮮奶油裡面加入蜂蜜，打至九分發泡（參考p.164）。

8 把步驟**7**的鮮奶油均勻塗抹於步驟**5**的海綿蛋糕片上，從距離邊緣3㎝的位置開始排列上3排柑橘片（D）。拉起保鮮膜，從沒有切掉邊緣的3㎝那邊開始往內捲（E）。用保鮮膜包起來，放進冷藏室冷藏30分鐘以上，依照個人喜好的厚度分切後，裝盤，裝飾上柑橘。

# 蜜漬金桔

材料（容易製作的份量）

金桔 …… 200g

蜂蜜 …… 40g

1 金桔充份清洗乾淨，切成厚度1～2㎜的薄片，剔除種籽（A）。

2 排放在調理盆內，淋上蜂蜜浸泡（B）。蓋上保鮮膜，放進冷藏室冷藏3小時以上。

＊可冷藏保存5天。



淋上蜂蜜後靜置就可以了。在料理教室內也十分受歡迎。

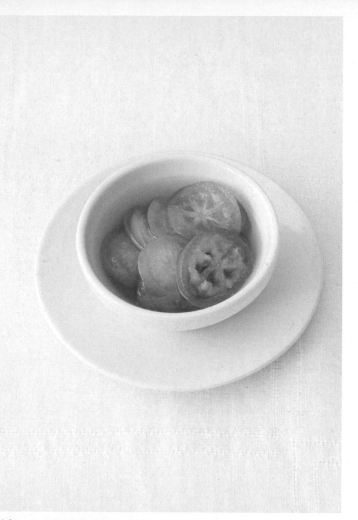

# 金桔雪寶

材料（容易製作的份量）

蜜漬金桔（參考p.146）······ 100g

砂糖 ······ 50g

水 ······ 150mℓ

1 把蜜漬金桔、砂糖、水放進果汁機或食物調理機，攪拌成泥狀（A）。

2 放進調理盤或調理盆，蓋上保鮮膜，在冷凍室內放置2小時。凝固後，用叉子或打蛋器攪拌（B），再次放進冷凍室。

3 步驟**2**的作業重覆2～3次，最後，用橡膠刮刀攪拌至柔滑程度。

4 用湯匙或冰淇淋挖勺裝盤，再裝飾上蜜漬金桔（份量外）。

＊如果放進冰淇淋機冷凍，口感就會更加柔滑。

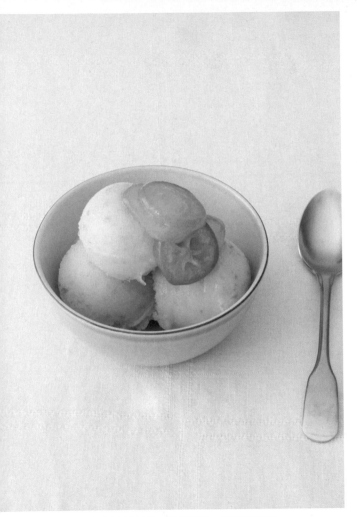

製作大量蜜漬金桔的時候。可用來裝飾，也能製成甜點。

製作了糖煮金桔後，搭配鮮奶油一起製作成慕斯。

# 金桔慕斯

材料（直徑7.5cm的布丁模具5個）

〔糖煮金桔〕

金桔 …… 120g
砂糖 …… 40g
水 …… 250mℓ
檸檬汁 …… 1小匙

明膠片 …… 5g
冷水 …… 適量

鮮奶油 …… 120mℓ

準備

・明膠片用冷水浸泡，變軟後擠掉水分（參考p.165），放進調理盆。

1 製作糖煮金桔。金桔充分清洗乾淨，切成對半，去除種籽。

2 把砂糖和水放進鍋裡，開中火加熱，沸騰後，加入金桔和檸檬汁，放上落蓋，用小火煮10分鐘。關火，直接浸泡在湯汁裡冷卻（A）。

3 連同湯汁一起，用果汁機或食物調理機攪拌成泥狀，取250g使用。

4 隔水加熱裝有明膠片的調理盆，使明膠片融解，分次加入步驟**3**的材料，用橡膠刮刀拌勻（B）。

5 鮮奶油打至八分發泡（參考p.164），分2次倒進步驟**4**的調理盆內，用打蛋器拌勻（C、D）。

6 倒進模具裡面（E），蓋上保鮮膜，放進冷藏室冷藏凝固4小時以上。

7 連同模具一起放進熱水裡面浸泡2～3秒，倒扣脫模，裝盤。如果有的話，就裝飾上糖煮金桔（份量外）。

＊糖煮金桔直接吃也很美味，建議可以多製作一些。

A

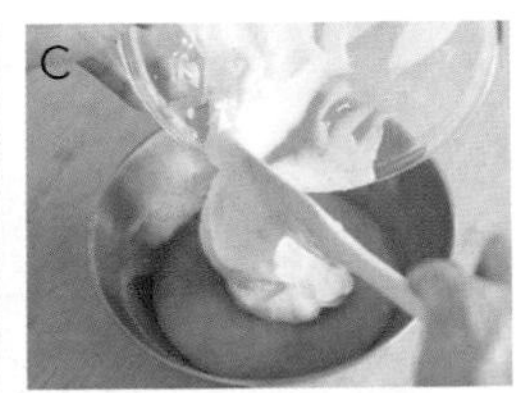
C

B

D

E

一放進嘴裡就可以聽到喀嚓的聲響，口感輕盈的甜點。

# 蛋白霜香緹

材料（5×3.5㎝的橢圓形6個）

〔蛋白霜〕

- 蛋白 …… 40g（1顆）
- 砂糖（精白砂糖尤佳）…… 50g

鮮奶油 …… 100㎖

草莓等個人喜歡的水果 …… 適量

準備

- 把圓形花嘴裝在擠花袋上面，放進杯子等容器裡面，將上方掀開（參考p.165）。
- 烤盤鋪上烘焙紙。
- 烤箱預熱至120度。

1 製作蛋白霜。把蛋白放進調理盆，分5～6次加入砂糖，逐次少量加入，一邊用高速的手持攪拌機打發（A）。

2 蛋白霜呈現挺立勾角後，改用低速攪拌5分鐘，確實打發，直到砂糖融解為止（B）。用手指觸摸看看，確認砂糖是否完全融解（C）。

3 把蛋白霜放進裝有圓形花嘴的擠花袋，在烤盤上擠出5×3.5㎝的橢圓形（全部共計12個）（D）。用120度的烤箱烤1小時30分鐘，放在鐵網上冷卻。

4 草莓清洗乾淨，瀝乾水分，去除蒂頭後，切成小塊。

5 鮮奶油打至八分發泡（參考p.164），放進裝有星形花嘴的擠花袋，在蛋白霜上面擠出螺旋狀（E），再用另一片蛋白霜夾起來（F）。裝盤，放上草莓。

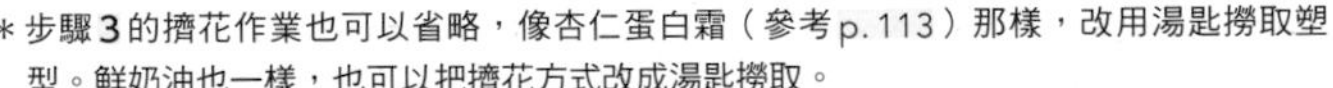
＊步驟**3**的擠花作業也可以省略，像杏仁蛋白霜（參考p.113）那樣，改用湯匙撈取塑型。鮮奶油也一樣，也可以把擠花方式改成湯匙撈取。

捲入生蘋果的澳洲甜點。製作方式也非常簡單。

# 蘋果酥皮捲

材料（長度25cm，1個）

〔酥皮捲餅皮〕
- 低筋麵粉 …… 30g
- 高筋麵粉 …… 30g
- 溫水（肌膚溫度）…… 35mℓ
- 沙拉油（米糠油尤佳）…… 2小匙
- 鹽巴 …… 1撮

手粉（高筋麵粉）…… 適量
蘋果（富士、紅玉等）…… 1顆
砂糖 …… 2大匙
肉桂粉 …… $1/4$小匙
海綿蛋糕（參考p.12）…… 50g
＊也可以把蓬鬆的麵包（建議奶油麵包或圓麵包）撕開使用。
奶油（無鹽）…… 適量

準備
- 中途將烤箱預熱至220度。
- 奶油隔水加熱融解，持續保溫，避免冷卻（參考p.165）。
- 蘋果削掉外皮，切成8等分的梳形切，去除果核，再進一步將厚度切成3mm。放進調理盆，加入砂糖和肉桂粉拌勻。

1 低筋麵粉和高筋麵粉一起過篩，放進調理盆。

2 把溫水倒進另一個較小的調理盆，加入沙拉油和鹽巴，用打蛋器拌勻。

3 把步驟**2**的材料倒進步驟**1**的調理盆，用橡膠刮刀拌勻。整體拌勻之後，撒上手粉，放在揉麵墊上，用手掌根部搓揉5分鐘（A）。表面呈現光滑後，彙整成團，用保鮮膜包起來，放進冷藏室冷藏4小時以上。

4 把布鋪在揉麵墊上，在上面撒上大量的手粉，再放上步驟**3**的麵團，用擀麵棍將麵團擀成20×25cm左右的大小。把麵團放在雙手的手背上面，進一步讓麵團攤開延伸，使厚度變得更薄（B）。偶爾將上下方向對調，將麵團的方向改成90度，麵團大小變成25×30cm之後，鋪在布的上面。調整形狀，用刷毛塗抹上融解的奶油。

5 把蘋果的水分瀝乾，混入用手撕成細碎的海綿蛋糕。從距離邊緣7cm的地方開始，在步驟**4**的麵團上面鋪上一排內餡（C），用外側的麵團覆蓋蘋果，把麵團連同布一起往上拉提，用滾動的方式，把內餡包覆起來（D）。把包好的麵團輕輕滾放到烘焙紙上面，再將烘焙紙移動到烤盤上。

6 用刷毛在上面抹上奶油，用220度的烤箱烤20分鐘。烤好之後，再塗抹一次奶油。切成個人喜好的厚度，裝盤，再依個人喜好，隨附上打發的鮮奶油。

A

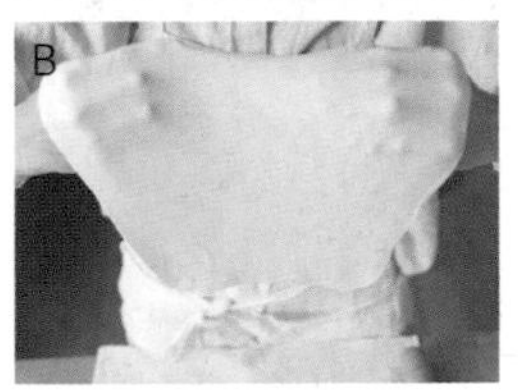
B

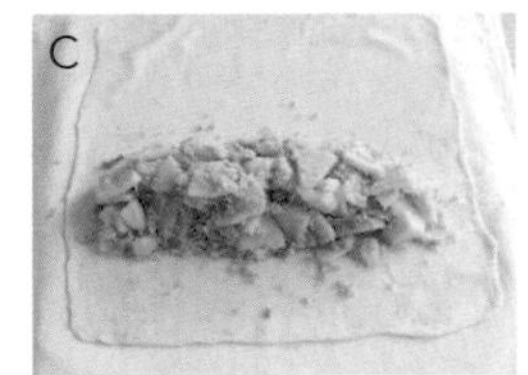
C

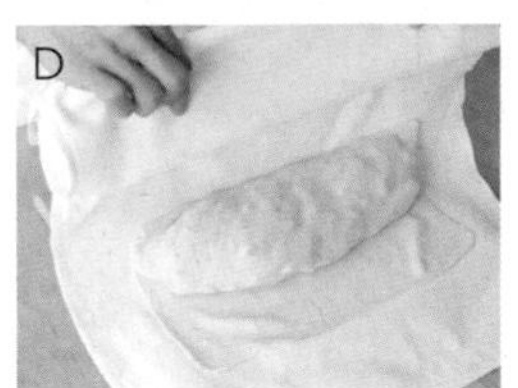
D

抹上蛋白，撒上糖粉，表面的酥脆口感也是我的最愛。

# 香料餅乾

材料（直徑4.5cm，20片）

奶油（無鹽）…… 60g
砂糖（蔗糖尤佳）…… 40g
鹽巴 …… 1撮
蛋黃 …… 1顆
低筋麵粉 …… 120g
綜合香料（茶飲用）…… 1/2小匙
＊如果沒有，就用肉桂粉替代。
牛乳 …… 2小匙
甜橙皮 …… 20g
葡萄乾 …… 20g
手粉（高筋麵粉尤佳）…… 適量
蛋白 …… 1顆
精白砂糖 …… 適量

準備

- 奶油和蛋黃恢復至室溫。
- 甜橙皮和葡萄乾切碎成一致大小（A）。
- 中途將烤箱預熱至170度。

1 把奶油放進調理碗，用橡膠刮刀攪拌，加入砂糖和鹽巴拌勻。

2 加入蛋黃拌勻，低筋麵粉和綜合香料一起過篩，放進調理盆（B），持續拌勻至鬆散狀態。

3 加入牛乳拌勻。加入甜橙皮和葡萄乾拌勻（C），整體拌勻後，彙整成團。撒上手粉，放在揉麵墊上，用手掌根部搓揉。

4 用保鮮膜包起來，放進冷藏室靜置1小時。

5 一邊撒上手粉，再次揉捏，放在保鮮膜的上面，用擀麵棍將厚度擀壓成3mm。蓋上保鮮膜，放進冷藏室靜置1小時。

6 用模具脫模塑形（D），剩餘的麵團搓成圓形壓平，用叉子扎出氣孔，排放在烤盤上，用170度的烤箱烤8分鐘。取出，用刷毛將打散的蛋白塗抹在上面，撒上精白砂糖（E）。再次放回烤箱，再烤8分鐘，放在鐵網上冷卻。

A

C

B

D

E

洋酒浸漬的水果和櫻桃乾，營造出熱鬧的聖誕氛圍。

# 水果蛋糕

材料（18×8×深度6㎝的磅蛋糕模具1個）

奶油（無鹽）…… 80g

砂糖（蔗糖尤佳）…… 70g

雞蛋 …… 1顆

蛋黃 …… 1顆

低筋麵粉 …… 80g

泡打粉 …… 1/2小匙

〔酒漬水果〕…… 150g

黑棗乾、無花果乾、杏桃乾、葡萄乾、小紅莓乾（A）…… 各50g

甜橙皮（A）…… 25g

香草豆莢 …… 5㎝

蜂蜜 …… 25g

蘭姆酒、櫻桃酒 …… 各75㎖

櫻桃乾 …… 11個

＊酒漬水果採用容易製作的份量。只要總計的重量相同，也可以用其他的乾果代替。

準備

・製作酒漬水果。葡萄乾和小紅莓乾用熱水氽燙，去除髒污後，確實擦乾。黑棗、無花果、杏桃、甜橙皮切成與葡萄乾相同的大小。香草豆莢切開豆莢，取出種籽，和蜂蜜混合。把蘭姆酒、櫻桃酒放進鍋裡煮沸。將所有材料放進保存罐，在陰涼處放置1星期以上（B）。

・奶油、雞蛋、蛋黃恢復至室溫。

・在模具裡面鋪上高度比模具略高的烘焙紙（參考p.165）。

・烤箱預熱至170度。

1 把奶油放進調理盆，用打蛋器攪拌至呈現柔軟的乳霜狀，加入砂糖。

2 持續攪拌，使材料蓬鬆充滿空氣，呈現泛白狀態，分3～4次加入打散的雞蛋和蛋黃，每次加入材料都要充分拌勻，再加入下一次的材料。

3 低筋麵粉和泡打粉一起過篩，放進調理盆，用橡膠刮刀持續攪拌至柔滑程度。把酒漬水果的液體瀝乾，取150g混入，拌勻（C）。

4 把一半份量的麵糊倒入模具，用湯匙的背部將表面抹平，排放上櫻桃乾（D）。倒入剩餘的麵糊，將表面抹平。用170度的烤箱烤45分鐘，直到表面產生裂痕，且呈現焦黃色。

5 脫模後，放在鐵網上冷卻。熱度消退後，撕掉烘焙紙，放涼後，分切成小塊。

A

B

C

D

不論是麵糊或是鮮奶油，全都十分容易製作。只要用融解的巧克力寫上文字，就成了聖誕蛋糕。

# 巧克力核桃蛋糕

材料（直徑15㎝的活底圓形模具1個）

〔巧克力海綿蛋糕〕

- 雞蛋 …… 2顆
- 砂糖 …… 60g
- 低筋麵粉 …… 50g
- 可可粉 …… 1大匙
- 奶油（無鹽）…… 10g
- 沙拉油（米糠油尤佳）…… 2小匙

牛奶巧克力（烘焙用）…… 90g

鮮奶油 …… 2大匙

牛乳 …… 2大匙

鮮奶油 …… 270㎖

核桃 …… 20g

裝飾用餅乾、核桃、小紅莓乾、
牛奶巧克力 …… 各適量

＊餅乾的材料與p.35的造型餅乾相同，只是添加了少許可可粉，以相同的方式烘烤。

準備

- 烤箱預熱至170度。
- 核桃在烤箱內攤開，用預熱至170度的烤箱烤8分鐘，切碎。

1 參考p.12的步驟**1**～**5**，製作海綿蛋糕。可可粉和低筋麵粉一起過篩，放進調理盆裡面（A）。用170度的烤箱烤25～30分鐘，冷卻後，脫模，切成4片厚度1㎝的蛋糕片（上方多餘部份不使用）（B）。

A

B

2 巧克力切成細碎，放進調理盆。把2大匙鮮奶油和牛乳放進鍋裡，用小火加熱，倒入巧克力，使巧克力融化（C）。

C

3 鮮奶油270㎖分多次少許加入，用打蛋器拌勻，將1/3的份量放進另一個調理盆（披覆用），放進冷藏室冷藏。剩餘的鮮奶油打至八分發泡（夾心用）（參考p.164）。

4 把夾心用的鮮奶油塗抹在1片海綿蛋糕片上面，排放上1/3份量的核桃（D），放上一片海綿蛋糕片。重複2次前面的步驟，輕壓，使蛋糕整體更緊密。側面也抹上剩餘的鮮奶油，填滿空隙。

D

5 從冷藏室取出披覆用的鮮奶油，打至六分發泡，淋在步驟**4**的蛋糕體上面（E），用抹刀將鮮奶油均勻抹開。裝飾上餅乾、核桃、小紅莓。把融解的巧克力裝進市售的擠花袋，寫出文字。

E

用悠閒心情烹煮紅豆，我很喜歡這樣的冬天。

# 水煮紅豆

材料（容易製作的份量）

紅豆 …… 300g

砂糖 …… 180g

鹽巴 …… 少許

準備

・紅豆清洗乾淨，放進鍋裡，用淹過紅豆的水量浸泡一晚。

1 浸泡紅豆的鍋子用中火加熱，沸騰後，改用小火烹煮5分鐘。用濾網撈起，把水分瀝乾，倒回鍋裡面，加入大量的水，以相同的方式烹煮。

2 重複2～3次步驟**1**的作業，加入大量的水，用小火烹煮1分鐘。

3 紅豆變軟爛後，加入砂糖（A），熬煮至個人喜歡的軟硬程度。紅豆冷卻後會變硬，所以要在稍微軟一點的時候關火（B）。最後再加入鹽巴（用來提升甜度）。

＊這裡採用的砂糖份量較少，所以不會太甜。喜歡甜一點的人，可以採用與紅豆相同份量的砂糖。

A

B

水煮紅豆的隔天，銅鑼燒就可以準備登場了。牛蒡茶加片柚子皮會特別香。

# 銅鑼燒

材料（直徑7cm，6個）

〔銅鑼燒〕

- 雞蛋……1顆
- 砂糖……40g
- 蜂蜜……10g
- 水……35mℓ
- 小蘇打粉……1/4小匙
- 低筋麵粉……70g

水煮紅豆（參考p.161）……80～120g

鮮奶油……60mℓ

沙拉油……少許

準備

・將水和小蘇打粉混在一起。

1 製作銅鑼燒。把雞蛋、砂糖、蜂蜜放進調理盆，用高速的手持攪拌機打發。呈現蓬鬆，份量增加後，改用低速，持續打發，直到流下的麵糊呈現緞帶狀為止。

2 倒入用水和小蘇打粉拌勻的小蘇打粉水，用打蛋器拌勻。一邊篩入低筋麵粉，一邊拌勻，蓋上保鮮膜，靜置30分鐘。

3 平底鍋（氟素樹脂加工）用小火加熱，抹上少許沙拉油，倒入步驟**2**的麵糊，約直徑7cm的大小（全部共12片）。蓋上鍋蓋，將兩面煎熟（A）。

4 鮮奶油打至八分發泡（參考p.164），加入水煮紅豆拌勻。抹在麵皮上面，再用另一片麵皮夾起來（B）。

A

B

# 基本技巧 本書經常使用的基本技巧。

### 打發鮮奶油

鮮奶油放進調理盆，下方放置裝冰水的調理盆，讓上方的盆底接觸冰水。用中速的手持攪拌機一邊大幅度轉動，將整體打發。

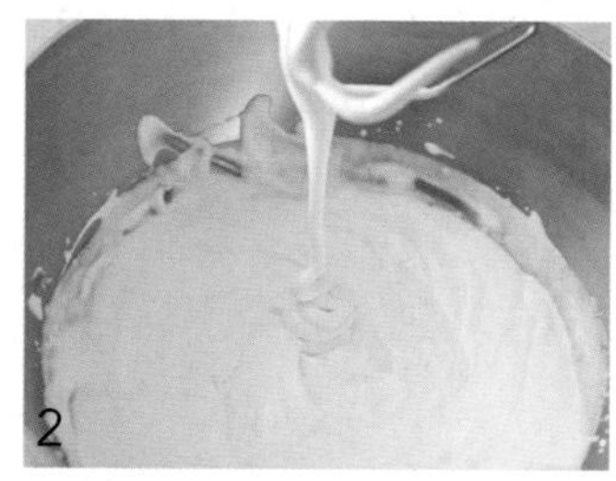

六分發。提起攪拌頭時，鮮奶油呈現濃稠，緩慢滴落狀。

八分發。提起攪拌頭時，鮮奶油呈現勾角平緩下彎的狀態。

九分發。提起攪拌頭時，鮮奶油呈現勾角挺立的狀態。如果過度打發，就會產生油水分離，請多加注意。

### 製作蛋白霜

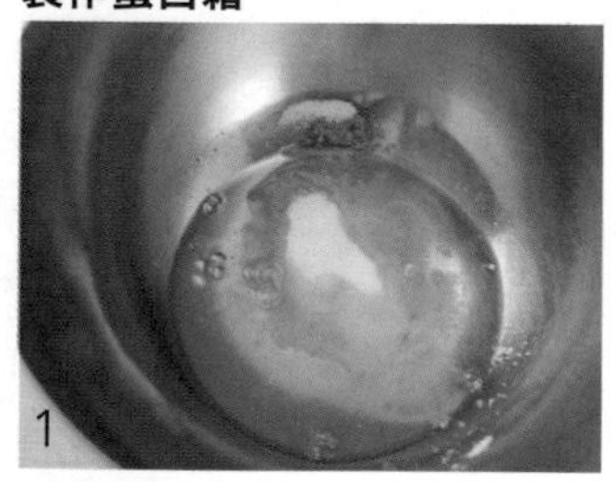

把蛋白和砂糖放進調理盆。

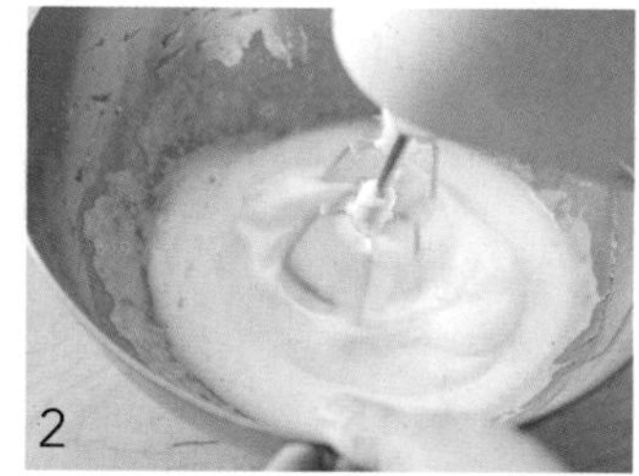

用中速的手持攪拌機大幅度轉動，將整體打發。

提起攪拌頭時，鮮奶油呈現勾角挺立的狀態。

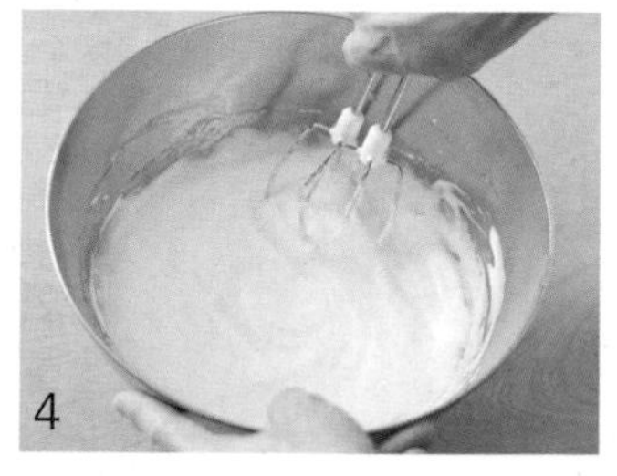

把攪拌頭拆下來，用手握住攪拌頭，大幅度攪拌整體，使整體的泡沫細緻度一致就可以了。

## 明膠片的處理方式

在調理盤等容器內倒入冷水，放入明膠片浸泡。使用2片時，則要1次放入1片。

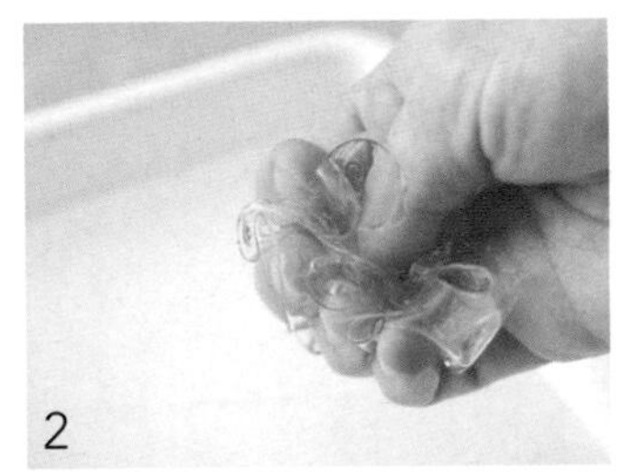


放置5分鐘，明膠片變軟之後，用手擰掉水分後使用。

## 奶油隔水加熱

用平底鍋把水煮沸，關火。放上裝有奶油的調理盆，讓盆底接觸熱水，使奶油融解，直接放置在平底鍋內保溫，直到要使用時再取出。

## 奶油恢復至室溫

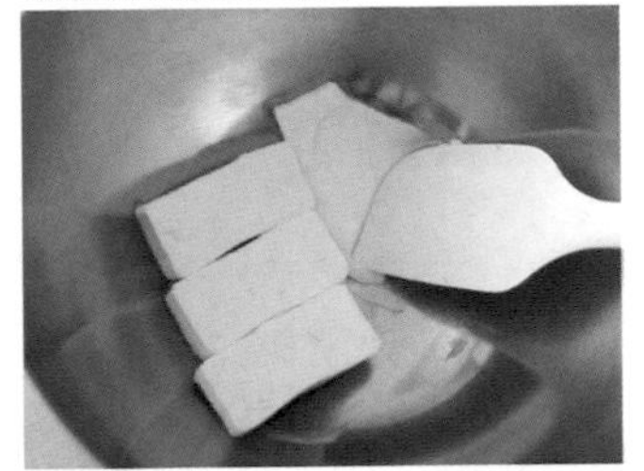

在使用的30分鐘前（時間會因季節或室溫而有不同），將奶油或奶油起司從冷藏室內取出，放置在室溫下。解凍至可用橡膠刮刀輕易抹開的程度。

## 擠花袋的使用方法

把花嘴裝在擠花袋上面，放進杯子等容器內，再將袋子上方往下翻摺，裝進麵糊或鮮奶油。

## 烘焙紙的鋪放方法

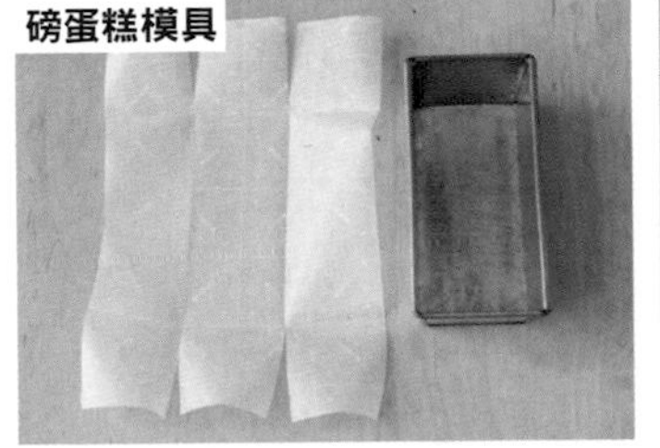

準備高度比模具深度多出1cm左右的烘焙紙。配合模具底部和側面進行鋪摺，沿著側面的凹痕壓出摺痕，平鋪在模具裡面。

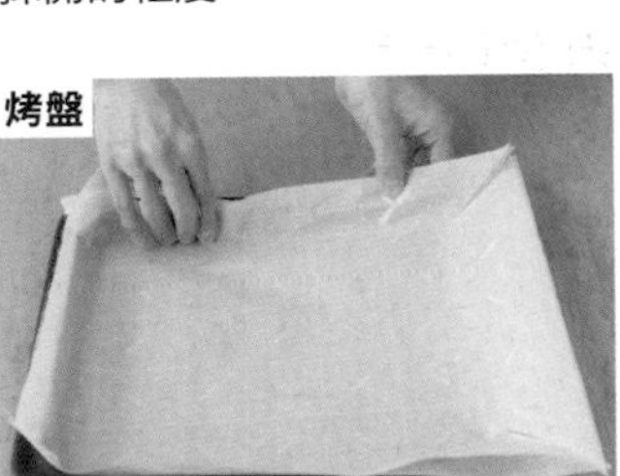


將兩張烘焙紙重疊（紙張相連接的狀態），高度要比烤盤的深度略高一些。在四個角落壓出摺痕，將烘焙紙平鋪在烤盤內。

# 道具 介紹我個人使用的主要道具。

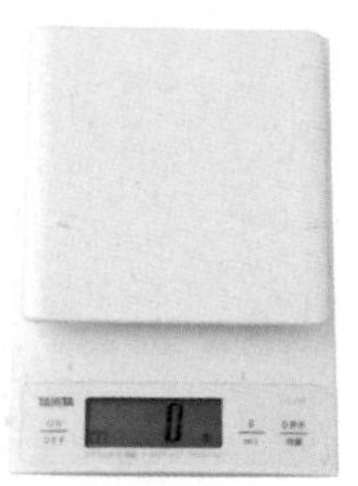

## 電子秤

可測量1g單位的電子秤，十分便利。

## 量匙

1大匙＝15mℓ、1小匙＝5mℓ。如果有，也建議準備1/2小匙＝2.5mℓ。讓測量作業更輕鬆。

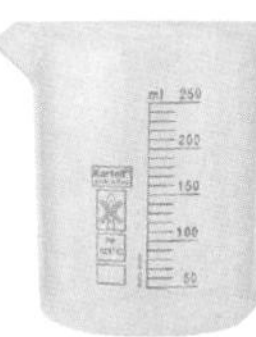

## 量杯

準備1個容量200～250mℓ左右的量杯。

## 調理盆

如果有大中小3種尺寸的調理盆，作業起來就會更加便利。

## 打蛋器

若只準備一支的話，建議準備長度25cm的規格。

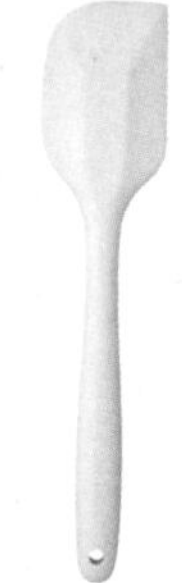

## 橡膠刮刀

建議採購熱鍋混拌時也能使用的耐熱規格。

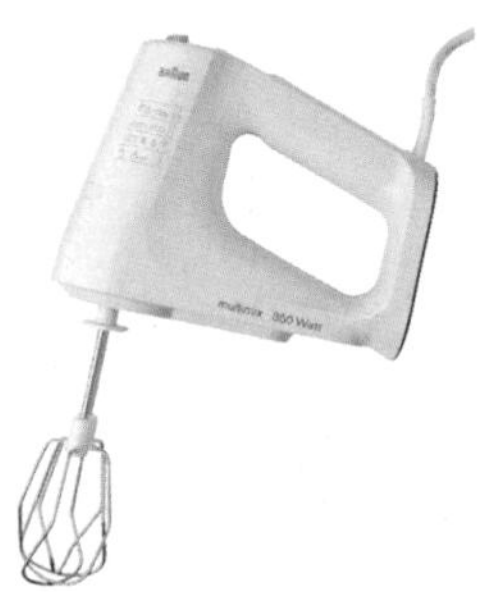

## 手持攪拌機

打發雞蛋、鮮奶油的時候，或是製作蛋白霜的時候使用。

## 多用途濾網

除了粉末材料過篩之外，過濾布丁麵糊時也可使用。

## 抹刀

長度25cm的規格，在鮮奶油的塗抹作業上會比較容易。

## 切麵刀

裁切派皮的時候使用。將海綿蛋糕片抹平時，也非常好用。

## 刨刀

將檸檬、柚子等柑橘類果皮磨成泥時使用。如果沒有，就使用磨泥器。

## 擀麵棍

直徑3cm×長度45cm左右的規格，比較容易使用。

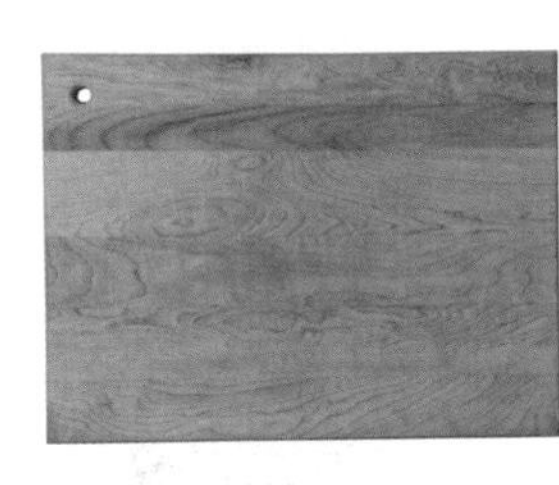

## 揉麵墊

擀壓麵團等時候使用。也可以使用較大尺寸的砧板代替。

## 重石

製作塔皮時，放置在麵皮上方，以避免麵皮膨脹的道具。

## 食物調理機

製作雪寶，或將冷凍的水果攪拌成泥狀時使用。也可以使用果汁機。

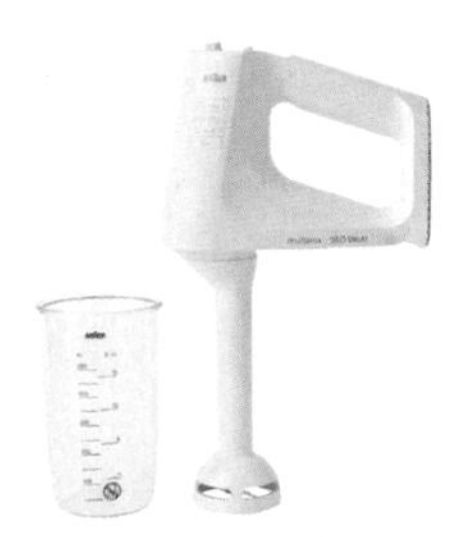

## 攪拌機

將食材攪拌成泥狀時使用。大部分的冷凍食材都無法處理，所以必須多加注意。

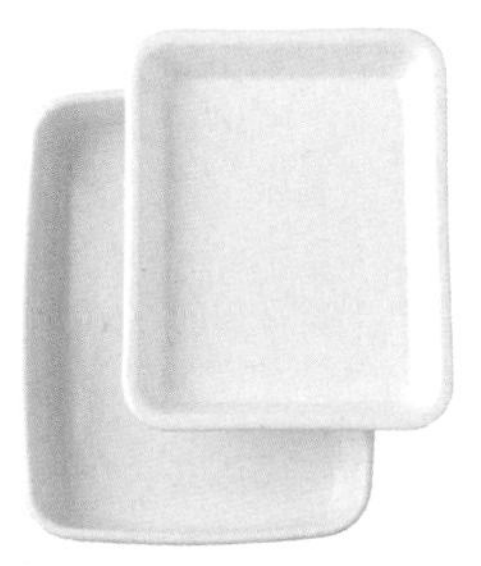

## 調理盤

除了當成模具使用外，也可以用來放置發酵的麵團，或是其他各式各樣的用途。

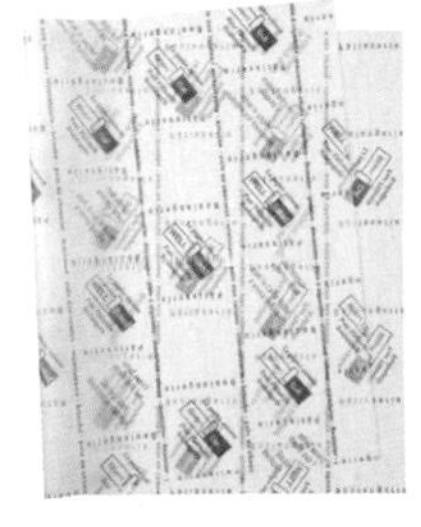

## 烘焙紙

鋪在模具或烤盤上使用，另外還有經過矽膠樹脂加工處理的種類。

## 材料 介紹本書經常使用的基本材料。

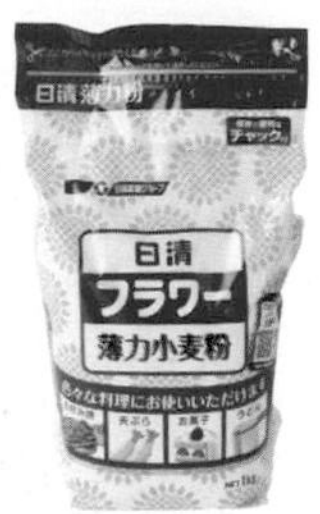


### 低筋麵粉

在甜點烘焙上經常被廣泛使用的低筋麵粉。要買就要買日本國產的低筋麵粉。

### 高筋麵粉

除了派皮或水分較多的蛋糕外，擀壓麵團的時候，也會拿來作為手粉使用。

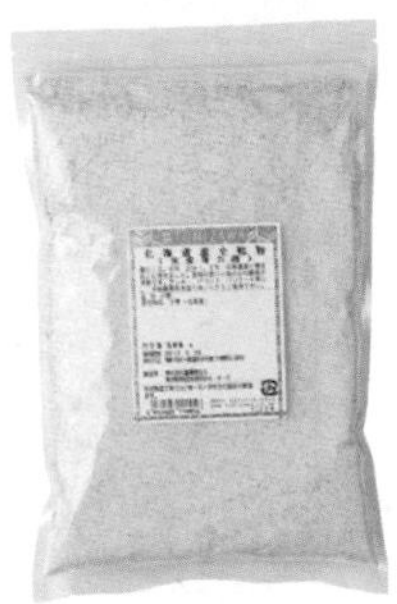

### 全麥麵粉

未去除麥糠和胚芽的小麥粉。使用低筋麵粉類型。

### 上新粉

希望快速製作時，和低筋麵粉一起搭配使用。

### 杏仁粉

杏仁磨製而成的粉末。可以增添香氣。

### 泡打粉

膨脹劑。要買就買沒有添加鋁的種類。

### 小蘇打粉

碳酸氫鈉。膨脹力強，適合用來製作水分較多的銅鑼燒等麵皮。

### 乾酵母

使用容易使用的顆粒乾酵母。

## 白砂糖

一般的白砂糖。沒有特別指定時，就使用白砂糖或精白砂糖。

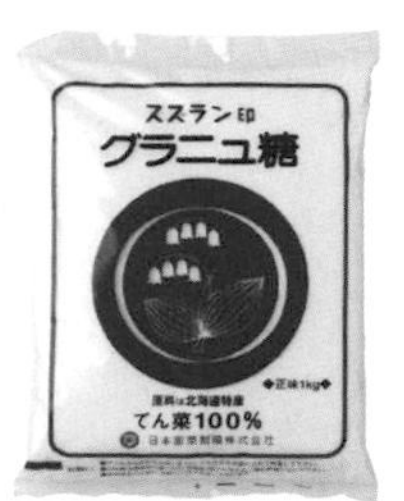


## 精白砂糖

結晶顆粒較細，精製度較高的砂糖。鮮明的甜味是其特徵所在。

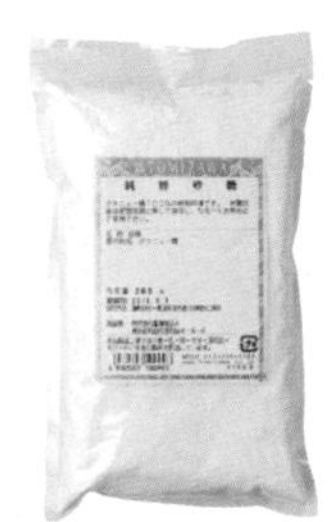

## 糖粉

粉末型的砂糖。容易混拌，適合用來製作餅乾或塔皮。

## 蔗糖

製作簡單的烘焙點心，或希望增添風味或濃郁時使用。

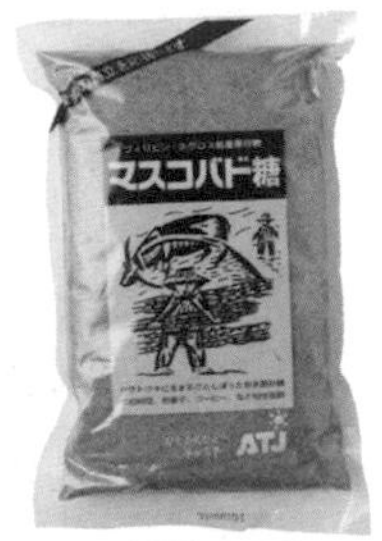


## 黑砂糖

用甘蔗製成的黑褐色砂糖。有著獨特的濃郁鮮甜。

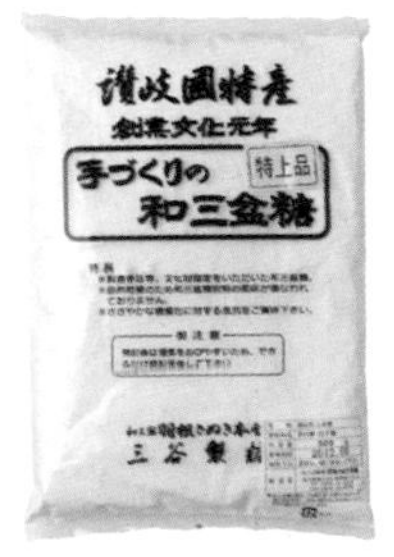


## 和三盆糖

只要在餅乾或塔皮內加上一點，就能製作出高雅且豐醇的味道。

## 蜂蜜

推薦相思樹或柑橘等沒有腥味的種類。

## 鹽巴

採用容易融解的粉末類型。稍微添加一點，就能提味，讓甜味更加鮮明。

## 雞蛋

本書使用L大小（淨重55～60g）的雞蛋。選擇新鮮度較好的種類。

## 沙拉油（米糠油）

採用不容易氧化，口感清爽的米糠油。如果沒有，沙拉油也可以。

## 奶油（無鹽）

使用不添加食鹽的種類。

## 牛乳

選擇未經過加工的新鮮牛乳。

## 原味優格

選擇柔滑且脂肪含量沒那麼高的種類。

## 鮮奶油

使用乳脂肪含量40～47%的動物性類型。香醇且濃郁。

## 奶油起司

建議選用沒有腥味，口感清爽的日本國產種類。

## 可可粉

甜點製作的話，要選擇沒有添加砂糖或牛奶的類型。

## 烘焙用巧克力

根據可可和牛奶成分的比例，有牛奶、半甜巧克力等各種種類。若採用顆粒片狀的類型，就可以省去切碎的作業步驟。

## 烘焙用白巧克力

不使用可可塊，用可可脂或牛乳、砂糖等所製成的白色巧克力。選用烘焙用的種類。

### 香草豆莢

取出豆莢內的細小黑色種籽，豆莢和種籽都可做使用。

### 豆漿

選擇成分無調整的種類。甜甜圈或戚風蛋糕等使用。

### 椰奶粉

椰奶製成的粉末。即便少量也能使用，相當便利。

### 堅果

核桃、開心果、榛果等個人喜愛的堅果，選用生的。開心果要去殼後使用。

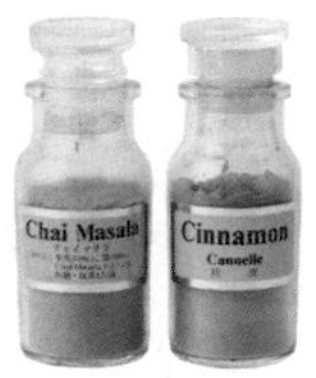


### 香料

左邊是綜合香料（茶飲用）。右邊是肉桂。選用粉末種類。

### 明膠片

明膠片要泡水後使用。使用明膠粉時，就用3～4倍的水，使相同份量的明膠膨脹後使用。

### 寒天粉

製成粉末狀的寒天。連同水分一起加熱融解使用。

### 瓊脂

由海藻萃取物所製成。和明膠相比，瓊脂的透明感較高，且能在常溫下凝固。

### 蘭姆酒

以甘蔗作為原料的蒸餾酒。選擇香氣較高的種類。

### 甜露酒

左起分別是阿瑪雷托、覆盆子、櫻桃酒。選擇個人喜歡的種類。

# 食材類別索引

# 烹調法類別索引

鍋子烹煮



冷藏、冷凍



平底鍋酥炸



微波爐加熱



其他

## PROFILE


### 本間節子（Honma Setsuko）

甜點研究家。日本茶道講師。

在自宅開設小班制的甜點教室「atelier h」。重視季節感與食材的味道，提倡就算每天吃也對身體有益的甜點。對於適合甜點的飲品、茶類也有很深的造詣。經常在雜誌、書籍上刊載食譜，同時也經常參與日本茶道活動或講座。著有《日本茶のさわやかスイーツ（日本茶的爽口甜點）》、《あたらしくておいしい日本茶レシピ（新穎且美味的日本茶食譜）》（世界文化社）；《ほうじ茶のお菓子（焙茶的甜點）》、《糖質10g以下とはまるで思えない　やせおかし（低糖瘦身甜點）》（主婦之友社）等多本著作。

http://www.atelierh.jp/

instagram:@hommatelierh


## ORIGINAL JAPANESE EDITION STAFF


| | |
|---|---|
| デザイン | 渡部浩美 |
| プロセス撮影 | 佐山裕子（主婦の友社） |
| 校正 | 荒川照実 |
| 編集 | 小出かがり（リトルバード） |
| 編集担当 | 東明高史（主婦の友社） |


## TITLE

IG 氣質系時令甜點

## STAFF


| | |
|---|---|
| 出版 | 三悅文化圖書事業有限公司 |
| 作者 | 本間節子 |
| 譯者 | 羅淑慧 |
| 總編輯 | 郭湘齡 |
| 責任編輯 | 張聿雯 |
| 美術編輯 | 許菩真 |
| 排版 | 洪伊珊 |
| 製版 | 明宏彩色照相製版有限公司 |
| 印刷 | 龍岡數位文化股份有限公司 |
| 法律顧問 | 立勤國際法律事務所　黃沛聲律師 |
| 戶名 | 瑞昇文化事業股份有限公司 |
| 劃撥帳號 | 19598343 |
| 地址 | 新北市中和區景平路464巷2弄1-4號 |
| 電話 | (02)2945-3191 |
| 傳真 | (02)2945-3190 |
| 網址 | www.rising-books.com.tw |
| Mail | deepblue@rising-books.com.tw |
| 初版日期 | 2022年8月 |
| 定價 | 380元 |

國家圖書館出版品預行編目資料

IG氣質系時令甜點：職人私房風味手帳/本間節子作；羅淑慧譯. -- 初版. -- 新北市：三悅文化圖書事業有限公司, 2022.05

176面；21x14.8公分

譯自：お菓子をつくる：季節を楽しむ82レシピ

ISBN 978-626-95514-1-5(平裝)

1.CST: 點心食譜

427.16　　111004546



國內著作權保障，請勿翻印 ／ 如有破損或裝訂錯誤請寄回更換

お菓子をつくる季節を楽しむ８２レシピ

© SETSUKO HONMA 2021

Originally published in Japan by Shufunotomo Co., Ltd

Translation rights arranged with Shufunotomo Co., Ltd.

Through DAIKOUSHA INC., Kawagoe.